꼬리에 꼬리를 무는
독성 물질 이야기

한 끗 차이로 독과 약을 오가는 기묘한 독성 물질의 세계

꼬리에
꼬리를
무는

독성 물질
이 야 기

목정민 지음

주니어태학

책을 내며

《꼬리에 꼬리를 무는 독성 물질 이야기》는 딸의 손바닥에 습진이 생긴 일을 계기로 쓰게 되었습니다. 습진은 보통 주부의 손과 짝을 이루는 질병이 아니던가요. 청소년에게 습진이라는 질병은 영 어울리지 않는 듯합니다.

딸은 코로나19 팬데믹 기간에 하루에도 몇 번씩 손 소독제를 사용하면서부터 습진을 앓게 되었어요. 일곱 살이었던 아이는 유치원 등원 셔틀을 탈 때부터 하루에도 몇 번씩 손에 소독제를 문질렀습니다. 유치원에서 배운 대로 꼼꼼하게 손가락 사이와 손톱 밑까지 말이죠. 당시엔 손 세정제를 사용하는 것이 한 공간에서 지내는 모두의 안전과 건강을 지키는 최선의 방법이었습니다.

그런데 손 소독제를 사용한 지 석 달도 지나지 않아 아이의 손이 벌겋게 부어오르기 시작했습니다. 곧바로 손 소독제를 쓰지 않았지만, 상황은 돌이킬 수 없었어요. 한번 부어오른 피부는 원래 모습으로 돌아오지 않았습니다.

그때부터 아이는 매 순간 손바닥과 손가락 사이가 가려워 긁었습니다. 피부를 계속 긁으니 물집이 잡혔고요. 연고를 바르고 약을 먹어도 잠시 괜찮아졌다가 다시 손바닥이 빨갛게 부어올랐습니다. 손 소독제를 사용하면 물로 닦아 소독제를 씻어 내야 했는데 그때는 몰랐어요. 몇 년이 지난 지금도 아이의 손이 습진으로 부어오를 때면 마치 제 마음에도 상처가 난 것만 같습니다.

우리는 이처럼 매 순간 화학 물질에 둘러싸여 살아가고 있기 때문에 화학 물질이 우리 몸에 미치는 영향에 둔감해요. 평소에도 플라스틱으로 제작된 키보드를 손끝으로 무심코 두드리지요. 손가락에 플라스틱이 닿을 때 어떤 반응이 일어나는지 모르는데도요.

화학 물질이 주변에 너무나 많은 탓에 조심해 봤자 효과가 있을까 회의감이 들 때도 있었습니다. 더구나 위험 성분이 들어 있는지 살펴보고 싶어도 낯선 화학 용어가 가득한 성분표 앞에서 높은 벽을 느끼게 됩니다.

그렇다면 화학 물질 없이 살면 되지 않을까요? 그럴 수는 없습니다. 그리고 아이의 벌겋게 부어오른 손바닥을 볼 때마다 한 번의 선택이 건강을 좌우할 수도 있다는 생각에 화학 물질이 무엇인지 알려는 노력을 포기할 수도 없어요. 화학 물질과 그로 인한 독성을 모두

피하긴 힘들지만, 최소한 슬기롭게 사용할 수는 있습니다.

모든 화학 물질이 나쁜 것은 아닙니다. 화학 물질은 잘못 쓰면 독이 되지만, 잘 쓰면 약이죠. 결국 어떻게 쓰느냐가 우리의 건강과 생활을 결정합니다.

저는 딸아이의 손바닥에서 그 사실을 배웠습니다. 그렇기에 여러분들에게도 일상에서 접하는 독성 물질을 슬기롭게 사용하는 방법을 알려드리고 싶어요.

《꼬리에 꼬리를 무는 독성 물질 이야기》는 독이 무엇이며, 우리의 일상에 존재하는 화학 물질이 어떻게 사용되느냐에 따라 독성 물질의 성질을 띄게 되는지부터 알아봅니다. 이후 플라스틱처럼 인류가 매일 마주하는 화학 물질이나 생활용품에 어떤 문제가 있고, 우리는 어떻게 화학 물질들을 대해야 하는지, 독성학은 무엇인지까지 살펴볼 거예요. 일상에서 만나는 여러 물질의 이야기를 따라가면서 결국 우리는 어떤 선택을 해야 하는지도 고민해 보는 시간을 가졌으면 합니다. 편리함이라는 가면에 가려진 이면을 스스로 마주하고, 화학 물질의 나쁜 점이 무엇인지 스스로 생각할 때 세상이 조금 다르게 보이지 않을까요. 이 책이 일상의 화학 물질과 독성 물질을 지혜롭게 다룰 수 있는 안내서가 되길 바랍니다.

아울러 책이 나오기까지 용기와 격려를 아끼지 않은 가족 남편 양일혁, 아들 양시원, 딸 양시우에게 감사를 전합니다.

차례

1장

독의
아슬한 이중 생활

독은 무엇일까

1817년, 독일의 어느 마을 병원에 늘어선 침대마다 환자들이 누워 있었습니다. 이들은 모두 상한 소시지를 먹고 나서 아프기 시작했어요. 환자들의 눈꺼풀은 반쯤 감긴 채 파르르 떨렸고, 입술 사이로 새어 나오는 말은 알아듣기 힘들 만큼 흐릿했습니다. 가슴은 들썩였지만 숨 쉬는 것조차 힘겨워 보였지요.

30대 초반의 의사 유스티누스 케르너는 촛불에 비친 환자의 창백한 얼굴을 똑바로 바라보다가 떨리는 손으로 메모지를 꺼내 들었습니다. '근육이 서서히 마비된다. 호흡이 가쁘다. 그러나 열이 나지 않는다. 이건 단순한 식중독이 아니야!'

그의 눈에는 피로와 결의가 동시에 어렸어요. 환자들은 대부분 눈꺼풀, 혀, 목 그리고 가슴 근육 순으로 움직이지 못했습니다. 증상이 심한 환자들은 가쁜 숨을 몰아쉬다가 숨을 거두었어요.

케르너는 이 정체 모를 독소가 신경을 끊어버린다는 사실을 파악했습니다. 나중에 이 독소의 정체 또한 밝혀집니다. 훗날 벨기에의 미생물학자 에르멩겐이 독소를 만드는 균을 발견하고, '클로스트리디움 보툴리눔Clostridium botulinum이라 이름 붙였지요. 보툴리눔이라는 이름은 소시지라는 뜻으로 라틴어 '보툴루스Botulus'에서 유래했어요. 이 균의 독소는 밥 한 숟가락 정도의 양만으로 수백만 명을 죽일 수 있을 만큼 강력하다고 알려져 있습니다.

시간이 흘러 미국의 안과 의사 앨런 스콧 박사는 보툴리눔균이 눈꺼풀 경련과 근육 수축 증상을 낫게 하는 데 도움이 된다는 것을 20세기 중반에 밝혀 냈어요. 보툴리눔균이 운동 신경 말단, 즉 운동 신경의 끝부분에서 나오는 신경 전달 물질의 움직임을 막아 이완된 근육을 마비시키는 효과가 있었던 것이지요. 신경 전달 물질이란 몸속 신경계의 신경 세포(뉴런) 사이에서 신호를 전달하는 화학 물질입니다.

보툴리눔균이 몸을 마비시키는 원리가 밝혀지자, 이 독소는 약으로 사용되기 시작합니다. 초반에는 근육이 과도하게 수축하는 환자의 치료에 쓰이다가 주름 개선을 위한 미용 치료에 널리 사용되었어요. 미용 치료에는 보툴리눔 독소 A형을 쓰는데, 가장 유명한 의약품으로 '보톡스Botox'가 있지요. 오늘날 보톡스는 독소의 대명사가 아

보툴리눔균은 냉장고나 낮은 온도에서도 독소를 생성할 수 있다. 그러니 낮은 온도에 보관한 음식이라 해도 조심해야 한다. 특히 통조림이나 저장 용기가 부풀어 올랐다면 섭취해서는 안 된다.

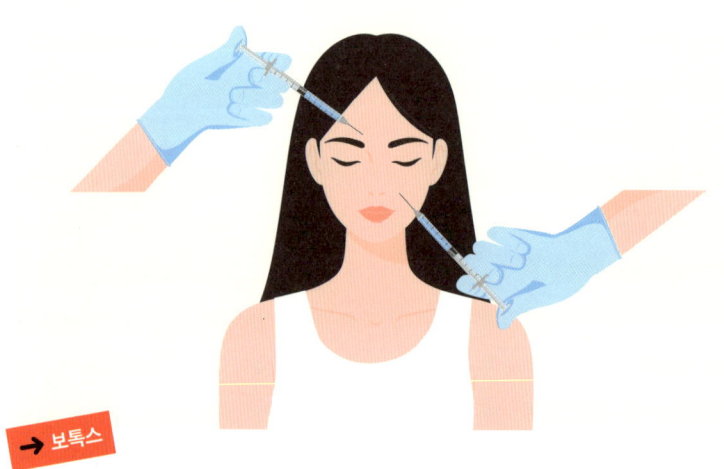

보톡스는 근육이나 신경의 과도한 움직임을 일시적으로 줄이는 약물이다. 주름 개선, 피부의 윤곽이나 라인 조절, 콧볼 축소 등의 목적을 위해 미용 분야에서 주로 사용된다. 신경이나 근육 질환, 통증 치료, 기능 조절 같은 의학적 치료 분야에도 사용된다. 신체에 주입 후 보통 3일에서 7일 후에 효과가 보이기 시작하며 3개월에서 6개월까지 지속된다. 시간이 지나면 신경 기능이 회복되어 효과가 사라진다.

니라, '동안'의 상징이 될 정도로 유명한 약품이 됐습니다.

보툴리눔을 처음 발견한 독일의 의사 케르너는 자신이 1829년에 발표한 논문에 "소시지 독이 자극을 억제하는 능력이 있기 때문에 언젠가는 운동 신경의 과다 자극으로 인한 질병의 치료제가 될 것"이라고 썼습니다. 당시에는 아무도 주목하지 않았지만 케르너의 생각은 150년 뒤에 현실이 된 셈입니다. 케르너는 시대를 앞서나간 사람이 아니었을까요.

전부 똑같은 독이 아니야

'독(또는 독소)'은 양이 충분할 때 몸을 해치거나 생명을 죽음에 이르게 하는 물질을 뜻합니다. 독의 종류는 너무나 다양하죠. 우리가 흔히 말하는 독은 과학적으로 어떻게 분류할까요? 독은 크게 세 가지로 나눌 수 있습니다.

첫 번째, '베놈Venom'입니다. 베놈은 독사나 뱀, 전갈 등 독샘을 가진 생물이 분비하는 독입니다. 동물에게 물리거나 찔려서 중독되는 독 혹은 독액을 말해요. 독샘을 가진 생물들은 이빨이나 침, 촉수 등을 이용해 독을 내뿜고, 다른 동물을 공격하거나 천적으로부터 방어할 때 독을 씁니다.

두 번째, '포이즌Poison'입니다. 포이즌은 먹거나 만졌을 때 해로운 독입니다. 포이즌을 가진 생물이 직접 독을 내뿜진 않아요. 독버섯의 독이나 복어의 독, 청산가리 등을 포이즌이라 부릅니다.

세 번째, '톡신Toxin'입니다. 톡신은 생물체에서 생산된 독으로 곰팡이의 독소 아플라톡신Aflatoxin이나 보톡스의 보툴리눔처럼 인위적으로 합성된 독성 물질을 포함하는 용어입니다.

그런데 이 세 가지 분류가 칼로 자르듯 명확히 나뉘는 것은 아닙니다. '톡신'은 생물이 만들어낸 독을 아우르는 가장 넓은 개념입니다. 따라서 뱀의 독인 베놈도, 복어의 독인 포이즌도 생물이 만들어낸 독이라는 점에서 모두 톡신에 포함됩니다. 하지만 독을 주입하는

	독의 분류	독을 가진 동물	독의 특징
베놈		뱀, 전갈, 거미, 말벌 등	송곳니, 침, 가시 등을 통해 상대의 몸속으로 주입되는 독이다. 베놈에 중독되면 신경이 마비되거나 근육을 움직이지 못하게 된다.
포이즌		독버섯, 복어, 일부 식물 등	먹거나 만졌을 때 작용하는 독이다. 섭취하거나 닿으면 중독 증상이 나타난다. 포이즌에 중독되면 피가 멈추지 않거나 숨을 쉴 수 없게 된다.
톡신		세균, 곰팡이 등	생물이 만들어 내는 독성 물질의 총칭이다. 베놈과 포이즌도 넓은 의미에서는 톡신에 포함된다. 극소량으로도 치명적이다.

방식에 따라 베놈과 포이즌으로 구분되죠. 예를 들어, 복어의 독 테트로도톡신Tetrodotoxin은 먹어서 중독되기에 포이즌이자 톡신입니다. 하지만 뱀처럼 직접 독을 주입하는 것이 아니므로 베놈이라할 수 없습니다. 이처럼 독은 '누가 만들었는지', '어떻게 전달되는지'에 따라

이름표를 바꿔 답니다. 하지만 우리 몸에 치명적이라는 본질은 변하지 않아요.

---------- 인류의 손에서 탄생한 독 ----------

일반적으로 독이라는 단어를 생각하면 독버섯이나, 독사, 복어 같은 자연 속 위험한 독을 떠올립니다. 실제로 19세기 산업 혁명 이전에는 자연에서 발견되는 독을 독성 물질로 여겼죠. 하지만 산업 혁명 이후에는 공장에서 생산된 화학 물질이 독성 물질의 대부분을 차지하게 됩니다.

산업 혁명 이후 공장에서는 수많은 화학 물질이 대량으로 만들어졌어요. 이 물질들은 공장 매연이나 폐수에 섞여 자연으로 흘러들어갔습니다. 농약 같은 화학 물질은 대놓고 자연에 뿌려졌지요. 인류는 탄소와 수소로 이루어진 화합물인 탄화수소에 염소, 황, 인, 질소 같은 다른 원소를 섞어 농약을 탄생시켰어요. 농약은 인류가 자연에 직접 사용한 대표적인 '합성 화학 물질'입니다. 탄화수소에 색을 입히고 모양을 잡아 굳히면 '플라스틱Plastic'이 되었고요. 이처럼 탄화수소는 다양한 모습으로 세상 곳곳에 자리를 잡았습니다.

화학 산업이 발전하면서 자연에서만 얻을 수 있었던 것들도 공장에서 만들어지기 시작했어요. 여러 화학 물질을 조합해 장미 없이 장

→ 합성 화학 물질

화학 물질이란 원소나 화합물 및 그에 인위적인 반응을 일으켜 얻은 물질과 자연 상태에서 존재하는 물질을 화학적으로 변형시키거나 추출 또는 정제한 것을 말한다. 합성 화학 물질은 화학 물질의 한 종류로 자연에 그대로 존재하지 않고, 사람이 화학 반응을 이용해 인공적으로 만든 화학 물질이다. 플라스틱이나 농약은 대표적인 합성 화학 물질이다. 사진은 해충 박멸을 위해 농약을 뿌리는 농부.

→ 살충제 같은 화학 물질에 노출된 벌은 급성 중독으로 즉사하거나 만성적으로 면역력이 줄어들어 비행 능력과 방향 감각을 잃는다. 살충제에 노출된 벌이 생산한 꿀에서도 농약 성분이 검출되기도 한다. 벌이 사라지면 식물이 번식할 수 없고, 이는 먹이사슬의 붕괴로 인류의 존속 위기까지 이어지게 된다.

미 향을 만들었고, 바닐라 열매 없이도 바닐라 맛이 나는 아이스크림을 만들 수 있게 되었습니다.

전 세계의 화학 물질 정보를 체계적으로 정리해 데이터베이스로 만드는 미국 화학 협회 산하 기관인 'CAS Chemical Abstracts Service'에 등록된 화학 물질의 종류는 2억 9000만 종 이상입니다. 숫자로만 보면 감이 잘 안 오지요. 하루에 화학 물질을 하나씩만 꼼꼼히 살펴본다고 가정하면, 전부 확인하는 데 무려 80만 년이 걸립니다. 인류의 역사보다 훨씬 긴 시간이지요.

사람들은 우리 삶 곳곳에 있는 다양한 합성 화학 물질을 마주할 때면 종종 모순적인 태도를 보입니다. '몸에 좋지 못할 것'이라는 막연한 불안과 '워낙 많으니 따져도 소용없다'라는 체념을 동시에 품곤 하죠. 주변에는 샴푸나 화장품 또는 농약 같은 화학 물질이 가득합니다. 없는 곳을 찾기가 더 힘들어요. 그리고 합성 화학 물질로 인한 피해도 이미 현실에 많아 불안한 것도 사실입니다.

60여 년 전 해양생태학자 레이첼 카슨은 《침묵의 봄》이라는 책을 내면서 경고하기도 했습니다. 화학 물질이 해충을 없애지만 동시에 새나 벌 혹은 나비 같은 동물을 죽이고 인간의 건강까지도 위협할 것이라고 고발했어요.

화학 물질이 먹이사슬을 타고 이동해 최상위 포식자인 인간에게까지 닿는 과정이 반복되어 생태계에 점점 쌓여간 탓이었습니다. 책 제목은 바로 이런 상황을 상징합니다. 봄이 왔는데도 새소리가 사라진 세상, 화학 물질이 가져올 '침묵의 공포'를 경고한 것이죠.

내 주변에도
독성 물질이 있을까

앞서 살펴본 《침묵의 봄》처럼 우리는 일상에서도 '침묵의 징후'를 마주하곤 합니다. 눈에 보이지 않는 화학 물질은 이미 생태계에 스며들어 사람의 건강을 해치고 있지요. 우리가 매일 활동하는 곳곳에 화학 물질이 숨어 있기 때문입니다.

먼저 부엌 찬장을 열어 볼까요. 선반에 줄지어 있는 플라스틱 용기는 모두 석유로 제작되었습니다. 설거지 세제의 상쾌한 레몬 향은 사실 시트랄이라는 화학 물질을 합성해 만든 인공 향이죠. 몽글몽글 부드러운 세제 거품은 '계면활성제'입니다. 계면활성제란 물과 기름처럼 잘 섞이지 않는 성분을 서로 섞이게 해 주어 때를 지울 수 있는 물질입니다. 세제는 물론 샴푸, 치약 등에 계면활성제가 들어 있습니

→ 계면활성제

계면활성제는 물에 잘 녹는 친수성 부분과 기름에 잘 녹는 소수성 부분을 가지고 있는 화합물이다. 물과 기름을 섞이게 해 비누나 샴푸 등에 쓰인다. 계면활성제 자체가 위험한 것은 아니지만, 계면활성제가 하천으로 흘러들어 가면 거품이 생겨서 수질 오염 및 수생 생태계를 파괴한다는 것이 문제다. 그림은 장 시메옹 샤르댕의 〈비눗방울〉.

다. 손과 얼굴에 바르는 화장품도 석유로 만들어졌고, 거실을 꽃향기로 채워 주는 방향제나 디퓨저 또한 화학 물질이 만들어 낸 인공 향입니다. 익숙한 일상에 가려져 보이지 않는 화학 물질이 이렇게나 많이 숨어 있어요.

--------- 조금이라고 해도 괜찮지 않아서 ---------

화학 물질이 주변에 너무나 많은 탓에 '조금쯤이야 괜찮겠지'라고 생각하기 쉬워요. 그렇지만 우리 몸은 화학 물질에 취약하답니다. 게다가 화학 물질은 우리 몸에 차곡차곡 쌓이기 때문에 시간이 지나면 더 큰 문제가 될 수 있어요.

 특히 물에 잘 녹지 않고 기름에 잘 녹는 '지용성 화학 물질'이 문제입니다. 지용성 화학 물질은 혈액을 타고 몸을 순환하다가 지방이 많은 인체조직인 지방층, 신경, 골수 등에 쌓입니다. 한번 쌓이면 배출되기가 상당히 어려워요. 수년 또는 수십 년간 몸에 쌓인다는 말입니다. 대표적인 지용성 화학 물질로는 '잔류성 유기 오염 물질 Persistent Organic Pollutants, POPs'과 '환경 호르몬'이 있습니다.

 POPs는 생태계에서 자연스럽게 분해되지 않아 공기나 물, 토양에 오래 남아 있는 화학 물질입니다. 자연에 오래 남아 있기 때문에 농산물과 이를 사료로 먹는 동물을 거쳐 사람의 몸에도 들어와요. 농약에 쓰이는 '폴리염화비페닐', 살충제인 'DDT' 등이 모두 POPs입니다. POPs가 몸에 쌓이면 호르몬 시스템이 무너지고 생식 기능이 떨어져 면역계가 망가질 수 있습니다.

환경 호르몬은 환경 속에 있는 화학 물질이 우리 몸의 호르몬처럼 작용하는 물질입니다. 전문 용어로 '내분비계 장애 물질Endocrine Disrupting Chemicals'이라고 불러요. 우리 몸은 여러 기관에 의해 정교하게 조절되고 있고 외부에서 들어온 물질에 예민하게 반응해요. 특히 우리 몸에는 성장, 생식, 면역 등을 조절하는 호르몬이 있는데요. 우리 몸에 들어온 환경 호르몬은 원래 몸에 있었던 호르몬처럼 행동해 원래 몸에 있었던 호르몬이 제 역할을 하지 못하도록 방해합니다. 굴러들어 온 돌이 박힌 돌을 빼낸 상황이죠? 이처럼 호르몬 시스템을 무너뜨리는 것을 '내분비계 교란'이라고 부릅니다. 호르몬 시스템이 망가지면 여러 가지 신경계 문제가 생길 수 있어요. 플라스틱에서 나오는 '비스페놀ABPA'나 PVC에서 나오는 '프탈레이트', 살충제인 'DDT', '다이옥신' 등이 대표적인 환경 호르몬 화학 물질입니다.

·········· 서서히 망가지는 면역계 ··········

내분비계 교란 외에도, 몸속에 쌓인 화학 물질은 '면역계'를 망가뜨립니다. 면역계란 우리 몸이 외부 물질에 대항해 우리 몸을 지키는

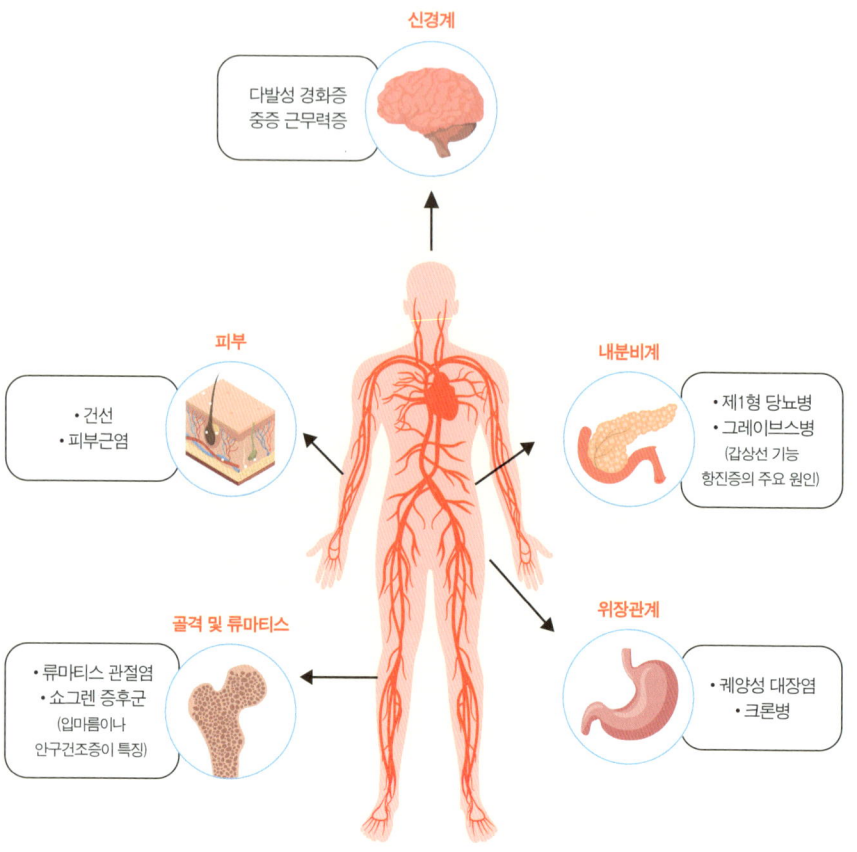

신경계
다발성 경화증
중증 근무력증

피부
• 건선
• 피부근염

내분비계
• 제1형 당뇨병
• 그레이브스병
(갑상선 기능
항진증의 주요 원인)

골격 및 류마티스
• 류마티스 관절염
• 쇼그렌 증후군
(입마름이나
안구건조증이 특징)

위장관계
• 궤양성 대장염
• 크론병

→ 자가 면역 질환

세균 등 외부 침입자로부터 몸을 지켜야 할 면역 세포가 엉뚱하게 몸을 공격하는 상황이 발생하는데, 이러한 상황 때문에 발생한 질병을 자가 면역 질환이라고 한다. 자가 면역 질환의 종류는 100가지가 넘으며 아직 정확한 원인이 발견되진 않았지만, 유전적 요인과 환경적 요인이 합쳐져 발생하는 것으로 추정된다.

시스템인데요. 화학 물질은 아토피 등 알레르기 질환이나 자가 면역 질환 등 만성 질환을 일으킵니다. 나이가 어려 신체가 완전히 발달하지 않은 어린이나 태아의 경우 어른보다 화학 물질에 취약하지요. 체내에 화학 물질이 쌓이기 시작하면 어른보다 더 오랜 기간 영향을 받게 됩니다. 게다가 이들은 소량의 독성 물질에도 크게 아플 수 있어요.

또한 화학 물질은 갑상선에 문제를 일으키기도 하고 '암'의 원인이 되기도 합니다. 납이나 수은 같은 중금속은 신경 세포를 공격해요. 신경 세포가 망가지면 기억력이나 인지 능력도 손상되어 제 기능을 못하지요. 특히 성장기 어린이의 신경 세포가 다치면 성장하는 데 문제가 될 수 있습니다.

우리 몸은 간에서 해로운 물질을 해독하고, 신장을 거쳐 배설하는 기능이 있습니다. 우리 몸의 배설 능력에는 한계가 있지요. 몸이 화학 물질을 걸러 내서 내보내는 양보다 더 많은 양의 화학 물질이 몸에 들어오면, 화학 물질은 몸에 차곡차곡 쌓이게 됩니다. 세면대에 한 번에 많은 양의 물을 부으면 물이 잘 빠지지 않는 것처럼요.

화학 물질에 둘러싸인 채 살아가는 우리의 몸에는 지금도 조금씩 화학 물질이 쌓이고 있습니다. 평소 화학 물질을 조심하지 않는다면 쌓이는 화학 물질의 양은 늘어나겠죠. 그것은 곧 독성을 내뿜을 것이고요.

현대인이라면 누구도 화학 물질에서 벗어날 수 없습니다. 그런데 사람은 오래 살기를 원해요. 하지만 잘못하면 무병장수가 아니라 유병장수, 즉 병든 채로 오래 살아가야 할지 모릅니다. 지금 우리가 일상 속 독성 물질에 주목해야 하는 이유가 여기에 있습니다.

그런데 화학 물질이라 해서 전부 해롭진 않아요. 인류 문명이 발전하면서 화학 물질은 인류의 수명을 늘리고 건강하게 사는 데 없어서는 안 될 필수품이기도 하니까요.

화학 물질이
사람을 살릴 수 있을까

14세기 중반, 유럽 인구 3명 중 1명을 죽음으로 몰아넣은 '흑사병'은 인류 역사상 최악의 전염병입니다. 당시 의사들은 흑사병 환자를 치료하기 위해 몸에서 피를 뺐어요. 병에 걸리지 않도록 향기 나는 풀인 허브 주머니를 이용하기도 했지요. 현대인의 눈으로 보면 효과가 없는 치료법이었죠. 그도 그럴 것이 당시엔 흑사병의 원인조차 제대로 알지 못했습니다. 제대로 된 치료법이나 치료제가 없던 시절, 흑사병뿐 아니라 '결핵', '천연두' 등 여러 전염병이 수많은 사람의 목숨을 앗아갔습니다.

인류가 질병으로부터 목숨을 지켜낼 수 있었던 시기는 화학 의약품이 개발된 이후였습니다. 세계 최초의 합성 의약품인 아스피린을

흑사병은 혈관 내에 피가 굳어 썩고, 신체가 괴사하면서 피부와 근육이 검은색으로 변하는 유행성 감염 질환이다. 지금까지 발견된 여러 전염병 중 사람을 가장 단시간에 사망하게 만든 병이다. 14세기 유럽에서 많은 사람의 목숨을 앗아간 흑사병은 중앙아시아의 건조한 평원지대에서 시작되어 1353년에 유럽 전역을 뒤덮었다. 흑사병에 걸리면 2일에서 6일 정도의 잠복기 뒤에 38도 이상의 고열, 오한, 근육통 등의 증상을 겪게 된다. 동시에 사타구니나 겨드랑이 림프절이 붓고 심한 통증이 발생하며 피부가 괴사하는 것이 특징이다. 그림은 흑사병이 유행했던 시기의 일상을 묘사한 쥘 엘리 들로네의 〈로마의 흑사병〉

시작으로 항생제가 개발되면서 인간의 수명이 많이 늘어났어요. 화학 물질 중에서도 의약품은 인류에게 가장 위대한 발명이었던 셈입니다.

-------- 제대로 쓰면 약이 된다 --------

아주 먼 옛날, 사람들은 버드나무 껍질에 해열, 진통, 염증 치료 효과가 있다는 것을 발견했습니다. 버드나무 껍질에 있는 '살리실산 Salicylic acid'이라는 물질 덕분이었지요. 그런데 살리실산은 신맛이 강해서 먹으면 위가 쓰리고 아팠습니다.

독일의 화학자 펠릭스 호프만은 이 부작용을 해결했습니다. 호프만이 살리실산에 아세트산 Acetic acid을 반응시켜 만든 '아세틸살리실산 Acetylsalicylic acid'은 먹어도 위가 쓰리지 않았어요. 이 과정에서 개발된 약이 '아스피린 Aspirin'입니다. 이후엔 버드나무 대신 '페놀 Phenol'이라는 화합물을 이용해 아스피린을 화학적으로 합성했지요. 이렇게 화학 합성 의약품의 시대가 시작됐어요. 현재 아스피린은 해열, 진통, 소염 효과 외에도 심혈관 질환 예방은 물론 식도암, 대장암 등의 예방 치료제로 널리 쓰이고 있습니다.

항생제인 '페니실린 Penicillin'도 화학적으로 합성되면서 수많은 사람을 구했습니다. 페니실린을 처음 만든 과학자는 미생물학자 플레밍이죠. 그는 실험용으로 환자의 고름에서 포도상구균을 얻어 보관했

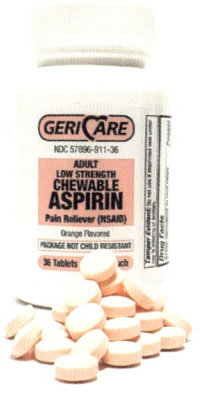

→ 아스피린

아스피린은 100밀리그램과 500밀리그램으로 나뉘어 판매되는데, 저용량은 심근경색 등 질병 예방을 위해 혈액을 묽게 만드는 항혈소판제로 사용되고, 고용량은 감기 등 통증을 줄이는 데 쓰인다.

습니다. 그런데 포도상구균 일부가 공기에 노출돼 곰팡이가 생겼어요. 푸른색의 곰팡이 주변에 있던 포도상구균은 모두 죽었습니다. 이러한 현상을 마주한 플레밍은 푸른곰팡이에 균을 죽이는 물질이 있을 것 같다고 생각했지요. 결국 그는 푸른곰팡이에서 포도상구균과 폐렴균을 죽일 수 있는 항생 물질인 페니실린을 뽑아냅니다.

문제는 천연 페니실린의 약효 지속성이 떨어지는 것이었습니다. 페니실린을 화학적으로 합성하는 방법이 개발되면서 문제가 해결되었죠. 페니실린은 뇌막염, 폐렴 등을 치료하는 데 효과가 있어 제2차 세계대전 당시 감염 질병에 걸린 수많은 사람을 구했습니다.

인슐린도 화학 합성법이 개발되면서 당뇨병 환자의 목숨을 구했

→ 제2차 세계대전 중 페니실린은 부상병 치료에 널리 사용되었다. 전쟁이 끝나고 플레밍은 노벨 생리의학상을 수상했다. 곰팡이로 세균 감염을 치료할 수 있다는 것을 처음 플레밍이 보여 주었고, 이후 다양한 곰팡이로부터 발견한 항생제가 인류를 감염병의 위험에서 구해 주었다.

습니다. 인슐린은 동물의 췌장에서 추출해서 사용했기 때문에 양이 적어 귀했고 비쌌지요. 그런데 1982년 인슐린을 합성하는 데 성공하면서 인슐린 치료제를 많이 생산할 수 있게 되었어요. 이제 많은 환자가 인슐린 주사를 맞으며 당뇨병을 관리하고 있습니다.

천연 물질에만 의존했다면 많은 사람의 목숨을 구하지 못했을 것입니다. 천연물은 계절이나 기후에 따라 효능이 달라질 수 있고, 채취량도 제한적입니다. 불순물이 섞일 수도 있습니다. 그런데 화학공학이 개발되어 자연 속 천연 약물을 똑같이 복사하면서 아스피린과 페니실린 등 다양한 의약품이 탄생하고 대량 생산됐어요. 이처럼 화학 물질은 몸에 해를 입히기도 하고, 환경을 오염시키기도 하고, 파괴하기도 하지만 동시에 인간을 살리는 강력한 도구이기도 합니다. 그래서 화학 물질은 성질을 제대로 이해하지 못한 채 무분별하게 사용했을 때 '독성'이라는 이름표를 달게 되지만, 이처럼 반드시 우리 곁에 있어야 할 존재입니다.

2장

바다를 메운
인류의 걸작

플라스틱은 세상을 어떻게 바꿨을까

1863년 겨울, 미국 뉴욕주 올버니의 어느 작업실에 얼어붙은 창문 틈새로 찬바람이 파고들었습니다. 어두운 조명 아래 한 발명가가 유리병 속 흰색 덩어리를 뚫어져라 쳐다보고 있었지요. 발명가의 이름은 존 웨슬리 하얏트, 그가 바라보는 유리병 속 덩어리는 '니트로셀룰로오스Nitrocellulose'였습니다. 면섬유와 질산의 화학 반응으로 만들어진 물질이죠.

그는 무언가 결심한 듯 입술을 굳게 다물었습니다. 숨을 가다듬으며 유리병을 책상에 내려놓았어요. 이어 그는 유리병 속 덩어리에 투명한 액체 한 방울을 떨어뜨렸습니다. 그 액체는 바로 '캠퍼Camphor'였어요. 캠퍼는 '장뇌'라고도 불리는데, 녹나무에서 추출할 수 있는

천연수지 물질입니다.

　그는 며칠째 실험을 반복했지만 결과가 만족스럽지 못했습니다. 하지만 이번에는 달랐습니다. 캠퍼가 닿자 니트로셀룰로오스 덩어리가 변하기 시작했어요. 하얏트는 조심스럽게 덩어리를 눌러 보았습니다. 딱딱하지는 않았지만 탄력이 느껴지고 꽤 단단했습니다. 게다가 바닥에 떨어뜨렸더니 깨지지 않았어요. 하얏트는 미소를 지으며 며칠 전 신문에서 본 광고를 떠올렸습니다.

광고를 처음 보았을 때 그는 고개를 갸웃하며 중얼거렸습니다. 상아의 느낌을 내려면 니트로셀룰로오스와 캠퍼를 섞으면 좋겠다고 생각했죠. 그런데 하얏트는 정식 화학 교육을 받은 과학자가 아니었어요. 다만 바둑알을 직접 깎아 만들 정도로 손재주가 뛰어났고, 직업이 인쇄업자라 기계를 능숙하게 다룰 줄 알았지요. 그는 실험하는 동안 항상 더 나은 재료를 찾으면서 수없이 많은 실험을 진행했어요.

새로운 물질을 찾아낸 날 밤, 그는 쉽게 잠들 수 없었습니다. 새로만든 물질의 표면을 둥글게 깎아 색도 입히고 무늬도 넣을 수 있을 것 같았어요. 무엇보다 이 물질이 상아를 대신할 수 있다면 더 이상당구공을 만들기 위해 코끼리를 죽이지 않아도 되는 것이 중요했습니다. 하얏트는 창밖을 바라봤습니다. 올버니의 밤하늘은 구름이 잔뜩 끼어 어두웠지만 그의 마음은 별처럼 빛나고 있었습니다.

------- **코끼리를 살린 인류 최초의 플라스틱** -------

인류 최초의 플라스틱, '셀룰로이드Celluloid'는 하얏트의 연구 덕분에 탄생했습니다. 당구공을 대체하고자 제작된 셀룰로이드는 재빨리 전 세계로 퍼져나갔어요. 셀룰로이드는 사진 필름, 빗, 볼펜 등의 초석이 되었지요. 상아와 유리 대신 셀룰로이드를 사용하게 된 것입니다.

셀룰로이드로 제작된 필름 롤은 현대 영화 기술의 기반을 닦는 데 큰 도움을 주었다. 셀룰로이드 필름을 스풀에 감아 롤을 만들어 카메라에 끼우면 여러 장면이나 테이크를 연속으로 촬영할 수 있다.

셀룰로이드를 개발한 하얏트는 당구공 제작 회사를 세웠습니다. 어쩌면 공장에서 매일 배달되어 오는 주문서 뭉치를 바라보며 '누가 1만 달러를 준대도 이 인기를 따라올 수 없을 거야'라며 만족스러운 웃음을 지었을지도 모르겠습니다. 실제로 하얏트가 당구공 재료를 찾던 공모전의 상금 1만 달러를 수령했는지 여부는 알려지지 않았어요. 셀룰로이드가 하나의 산업으로 움직이기 시작했기 때문이었겠죠. 그렇게 하얏트의 회사는 100년이 넘도록 그 자리를 지켜냈고 1986년에 문을 닫게 되었습니다.

셀룰로이드는 자연에서 찾은 플라스틱입니다. 셀룰로오스를 캠퍼와 반응시켜 만든 것이기 때문입니다. 그런데 셀룰로이드 이후에 등장한 플라스틱은 전혀 달랐어요. 1907년 당시 미국에서 개발된 새로운 플라스틱 '베이클라이트_{Bakelite}'는 처음부터 끝까지 실험실에서 화학 물질로만 만들어졌습니다.

-------- 세상에 없던 새로운 물질 --------

1907년, 미국 뉴욕에 살던 레오 베이클랜드는 사진 인화지 기술자였습니다. 그는 은퇴하고도 화학 실험을 이어 갔어요. 자택의 창고 한쪽에 책상과 유리 플라스크, 가스버너와 구불구불한 유리관을 놓아두고 매일 실험을 했죠. 그러던 어느 날 가열한 혼합물이 갈색 광택을 띠며 단단하게 굳기 시작했습니다. 그는 손끝으로 혼합물을 조심스레 누르니 가열해도 녹지 않는다며 놀랐습니다.

베이클랜드는 세상에 없던 새로운 물질을 탄생시켰습니다. 그는 자신의 이름을 따서 새로운 물질에 베이클라이트라는 이름을 붙였어요. 이 물질은 전화기의 본체와 수화기에 사용되었고, 전깃줄의 피복으로 사용되었습니다. 자동차 시동을 걸 때 엔진 속 불꽃에도 녹지 않는 절연 부품 재료가 되기도 했습니다. 베이클라이트는 쓰임이 너무 많아 '천 가지 용도로 쓸 수 있는 소재'라는 찬사를 받았고 베이클랜드는 '플라스틱의 아버지'라는 별명을 얻게 되었습니다.

→ 베이클라이트는 단단하고 잘 녹지 않아 절연체로 쓰였다. 옛날 라디오나 텔레비전 등 전자 제품의 누런색 기판이 베이클라이트 기판이다. 단점으로는 장시간 열을 받으면 부서지는 내구성 문제가 있다. 사진은 실험실에서 베이클라이트를 테스트하는 장면.

--------- 합성 섬유의 시대 ---------

20세기 중반 들어 플라스틱 연구에 뛰어드는 과학자들이 많아졌습니다. 1930년대 초 미국의 화학 회사 듀폰이 과학자들을 모으는 구심점이었죠. 듀폰은 새로운 소재를 개발하기 위해 전 세계에서 손에 꼽히는 과학자들만 모집했어요. 듀폰 실험실에 들어서던 수많은 과학자 중 가장 주목받은 사람은 월리스 캐러더스였습니다. 캐러더스의 관심사는 단 하나, '유기 분자'가 서로 연결되는 방법을 알아내는 것이었죠. 유기 분자는 탄소 원자에 수소, 산소, 질소 등 다양한 원자들이 결합한 분자를 뜻합니다.

캐러더스는 어느 날 유리관 속 액체에서 실처럼 가늘고 긴 섬유가 뽑혀 나오는 것을 발견하자마자 직감했습니다. '이건 끊어지지 않으니 실크보다 강할지도 몰라', 그의 직감은 틀리지 않았죠. 캐러더스의 직감은 1935년에 등장한 인류 최초의 합성 섬유 '나일론Nylon'의 모습으로 실현되었습니다. 나일론 섬유는 가늘지만 쉽게 끊어지지 않았어요. 바람에 가볍게 흩날리면서도 몸에는 쫀쫀하게 감겼지요. 사람들은 나일론이 천연 실크를 대신할지도 모른다고 생각했습니다.

듀폰은 나일론을 대량 생산하기 시작했습니다. 처음에 나일론으로 칫솔모를 만들었지요. 나일론 칫솔이 등장하기 전 사람들은 돼지털로 만든 칫솔을 썼습니다. 모가 거칠어 걸핏하면 잇몸에 상처가

→ 나일론은 1929년에 폴리에스테르를 개발한 캐러더스가 연구팀과 함께 탄생시킨 합성 섬유다. 듀폰의 제품 상표명이지만, 현재는 나일론 섬유를 가리키는 일반명사로 사용되고 있다. 20세기 최고의 발명품 중 하나로 손꼽히며, 현재까지도 다양하게 사용되고 있다.

→ 돼지털 칫솔(위)과 나일론 칫솔

나거나 피가 났어요. 칫솔모가 잘 마르지 않아 세균이 쉽게 번식하는 것도 문제였죠. 반면 나일론 칫솔모는 부드럽고 탄력이 있는 데다가 쉽게 닳지 않았습니다. 양치질을 편하게 할 수 있게 되자 사람들은 매일 하루 세 번 양치하는 습관이 생기게 되었지요. 이러한 습관은 나일론이 발명됐기에 가능한 일이었던 셈입니다.

1939년에는 나일론 스타킹이 뉴욕 세계 박람회에서 처음 판매되며 미국 여성들의 눈길을 사로잡았습니다. 나일론 스타킹을 만져본 여성들은 실크보다 질기고 가벼운데 값도 싸다며 감탄했지요. 여성들은 스타킹 판매대 앞에 길게 줄을 섰습니다. 출시 첫날 80만 켤레가 팔린 나일론 스타킹은 입소문을 탔고, 7개월 뒤에는 나흘 만에 400만 켤레가 매진되는 흥행을 거뒀습니다. 얼마나 인기가 좋았는지 이제 여성들은 스타킹을 '나일론'이라 부르기 시작했어요.

나일론은 제2차 세계대전이 시작되자 하늘에서 병사들의 생명을 지키는 '낙하산'으로 모습을 바꾸었습니다. 제2차 세계대전 전까지만 해도 실크로 낙하산을 만들었는데요. 전쟁이 발발하면서 일본산 실크를 수입하지 못해 낙하산을 제작할 수 없게 되었습니다. 다급했던 미국은 가볍고 질겨 낙하 충격을 견디는 데 큰 도움이 되는 실크 대신 듀폰의 나일론으로 실크의 빈자리를 채웠어요.

나일론으로 만든 낙하산은 실크처럼 가벼웠고 잘 찢어지지 않았습니다. 땅에 가까워질수록 천이 팽팽해졌고 탄력 있게 늘어나 착지 순간의 충격을 부드럽게 흡수했지요. 습기에 강해 비 오는 날에도 제 기능을 다했습니다. 낙하산으로 활약한 나일론은 텐트, 군복의 끈, 밧줄 등에도 사용되며 생활용품 소재에서 생존 소재로 모습을 바꾸었어요.

전쟁 중 스타킹을 구하려고 백화점을 찾은 사람들은 텅 빈 진열대 앞에서 발길을 돌려야 했습니다. 나일론이 모두 군수품 제작에 쓰였거든요. 전쟁이 끝난 뒤에야 나일론은 일상으로 돌아왔습니다. 스타킹과 칫솔모는 물론 낚싯줄, 수영복, 셔츠, 카펫에 이르기까지 나일론은 더 넓고 더 깊게 세상 속으로 스며들었습니다. 이렇게 나일론은 합성 섬유의 시대를 활짝 열었습니다.

군수품은 가벼우면서도 튼튼해야 한다. 방수 기능이 있으면 더 좋다. 그렇기 때문에 나일론은 군수품에 가장 적합한 소재다. 제2차 세계대전 당시 나일론은 낙하산과 비행기의 전선및 밧줄, 의복 등에 사용되었다.

---------- 우연히, 어쩌다 폴리에틸렌 ----------

'폴리에틸렌Polyethylene, PE'은 듀폰의 전폭적 지지로 탄생한 나일론과 달리 실험 중 우연히 발견됐습니다. 1933년, 영국 화학 기업 ICI의 실험실에서는 새로운 냉각제를 만들기 위한 실험이 한창이었어요. 두 화학자, 에릭 포시트와 레지날드 깁슨은 에틸렌 가스Etylen Gas를 산소가 없는 고압 상태에서 반응시키는 실험을 반복했지요.

어느 날 고압 반응기 안에서 하얀 덩어리가 발견됐습니다. 연구자들은 실험이 잘못됐을지도 모른다는 생각에 하얀 덩어리를 꺼내 만져 봤어요. 마치 촛농이 굳은 듯 손끝으로 눌렀을 때 말랑했습니다. 당겨도 쉽게 찢어지지 않았고요. 두 사람은 실험 도중 장비 안으로 극소량의 산소가 유입되면서 예상치 못한 화학 반응이 일어났다는 사실을 나중에야 알게 됐습니다. 극소량의 산소가 고압 환경에서 '고분자 반응'을 일으킨 것이었습니다. 고분자 반응은 작은 분자들이 결합해 긴 사슬의 고분자Polymer를 만드는 화학 반응이죠. 이렇게 실험 중 실수로 우연히 세상에 등장한 물질이 오늘날 가장 널리 쓰이는 플라스틱, 폴리에틸렌입니다.

폴리에틸렌도 제2차 세계대전을 겪으며 널리 쓰이게 되었습니다. 당시 영국에서 통신망을 설치할 때 꼭 사용되었던 재료였지요. 영국의 전투기에는 레이더와 연결하는 전선이 깔려 있었습니다. 이 전선은 천연고무로 감싸져 있었는데, 고무는 무거운 데다 쉽게 마모되었

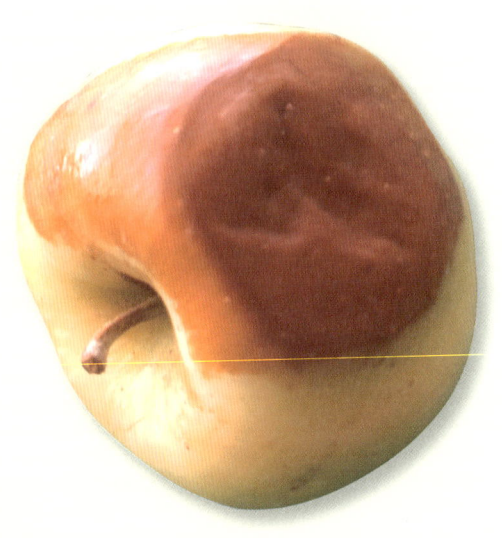

→ 에틸렌 가스

과일이나 채소가 익으면서 부패를 가속하는 자연 식물 호르몬이다. 현재는 석유나 천연가스로 에틸렌을 뽑아내 플라스틱, 비닐부터 접착제나 페인트까지 일상에서 사용하는 다양한 제품을 만드는 석유계 기초 유분이다.

어요. 전투기는 빠르게 비행하기 때문에 고무 피복은 쉽게 갈라지고 찢어졌습니다. 영국군은 가벼우면서도 전기 절연성이 뛰어난 포장재를 찾고 있었는데 그때 등장한 것이 폴리에틸렌이었습니다.

폴리에틸렌은 전기 절연성이 뛰어나고 가벼우며, 습기나 화학 물질에 잘 견뎠습니다. 실수로 우연히 등장한 이 물질은 레이더 전선을 감싸는 '갑옷' 역할을 톡톡히 했지요. 덕분에 영국 공군은 독일

나치군의 공격에도 효율적인 통신망을 유지할 수 있었습니다. 전쟁 후 폴리에틸렌은 일상 생활용품으로 퍼져나가 식재료를 포장하는 랩 필름, 비닐봉지, 세제 통, 물탱크, 파이프, 장난감, 의료기기까지 다양하게 사용됐습니다.

········· 구원에서 골칫거리로 ·········

오랫동안 우리 삶에 영향을 미친 플라스틱은 지금도 여전히 인류가 살아가는 모든 공간에 스며들어 있습니다. 그렇다면 '플라스틱'은 대체 무엇일까요? 익숙한 재료지만, 누군가 '플라스틱이 무엇입니까?'라고 묻는다면 쉽게 설명할 수 있나요? 손끝에 닿아도 존재감이 별로 없고, 종류도 너무 많아서 오히려 눈에 띄지 않는 플라스틱의 정체를 이제부터 조금씩 들여다보겠습니다.

여러분들이 입고 있는 옷 대부분은 모두 플라스틱으로 만든 제품입니다. 폴리에스터, 나일론, 스판덱스 등 이름은 다르지만 전부 플라스틱 계열이지요. 종이컵 안쪽의 얇은 코팅, 가전제품을 감싸는 외장재, 건물을 둘러싼 벽 속의 단열재조차 모두 플라스틱입니다. 워낙 잘 가공되어 있어 알아차리기 힘들지만 플라스틱은 우리의 일상을 완벽하게 장악하고 있습니다.

플라스틱이라는 이름의 어원은 '형태를 만들 수 있는'이란 뜻의 고대 그리스어 'Plastikos'입니다. 뜻 그대로 플라스틱은 열이나 압력을 가하면 자유자재로 모양을 바꿀 수 있는 물질이지요. 유연성과 가공성 덕분에 플라스틱은 공장에서 다양한 제품으로 재탄생됩니다.

플라스틱은 '단량체'라는 아주 작은 분자가 수천 개씩 사슬처럼 길게 이어져 만들어진 고분자가 주성분인 재료입니다. 실을 꼬아 만든 밧줄처럼 단단하고 질긴 구조 덕분에 플라스틱은 압력을 가해도 오래 버팁니다. 또한 이 분자 사슬은 물에 잘 녹지 않기 때문에 미생물이나 자연적인 화학 반응이 잘 일어나지 않아요. 이런 구조와 특징 때문에 플라스틱은 쓰기엔 편하지만, 한 번 버려지면 땅속은 물론 바닷속에서도 수백 년을 버티는 골칫덩어리가 됩니다.

최초의 플라스틱 셀룰로이드가 개발된 지 약 160년이 지난 오늘, 플라스틱은 우리 삶의 터전에 얼마만큼의 짐을 지웠을까요. 함께 알아봅시다.

바다거북 코에 어떻게 빨대가 들어갔을까

1997년 여름, 미국 캘리포니아에서 하와이로 향하던 요트 한 척이 항로를 바꾸어 북태평양을 가로지르고 있었습니다. 갑판 위에서 바다를 응시하던 미국의 요트 선수 찰스 무어는 이상한 기미를 느꼈어요. 파도는 출렁였지만, 해류의 속도가 확연히 느려졌던 것입니다.

찰스 무어는 바다를 덮고 있는 희뿌연 띠를 발견했어요. 해초나 조류일 것이라 생각했던 그의 예상은 빗나갔습니다. 희뿌연 띠에 가까이 다가가 살펴보니 부서진 플라스틱 조각과 비닐봉지, 병뚜껑이 둥둥 떠 있었죠. 띠를 가로질러 나아가려 하자 갑판 밑에서 쓰레기와 배가 부딪치는 소리가 났어요. 마치 요트가 '플라스틱 수프Plastic Soup' 위를 항해하는 것 같았습니다.

→ 바다 쓰레기

바다에 떠다니는 플라스틱의 대부분은 어업으로 인해 발생한 어업 쓰레기다. 폐그물, 부표 등 쓰레기들이 생선을 잡는 과정에서 바다에 버려지게 된다. 이렇게 버려진 쓰레기들은 해양 생물의 삶을 위협한다.

낚싯줄, 칫솔 같은 생활용품부터 아이가 잃어버린 듯한 장난감, 어부들이 버리고 떠난 그물까지 바다 위에 둥둥 떠 있었습니다. 섬처럼 보이지만 지도에도, 항로에도 없는 섬이죠. 섬이지만 발을 디딜 수 없는 그 섬은 면적이 남한의 7배에 달할 정도로 거대한 '태평양 쓰레기 섬Great Pacific Garbage Patch'이었습니다.

찰스 무어는 쓰레기 섬을 그냥 지나칠 수 없었습니다. 항해를 마친 뒤 이 현상을 알리기 위해 연구팀을 꾸렸고 바다를 뒤덮은 플라스틱을 직접 수거하고 분석했습니다. 채집한 쓰레기 대부분이 분해된 플라스틱 제품이었어요. 찰스 무어의 발견 이후 과학자들과 탐험가들은 질문을 던지기 시작했습니다. 전 세계에 사람들이 찾지 못한 쓰레기 섬이 더 있을지 연구하기 시작했죠. 우려는 현실로 나타났습니다. 2009년 인도양을 항해하던 해양 탐사선이 플라스틱 조각 무리를 발견했고, 몇 년 뒤 남대서양의 브라질 동쪽 해역, 북대서양의 카리브해 부근에서도 쓰레기 섬이 발견됐어요.

바다 해류는 거대한 회오리처럼 바다로 흘러든 가벼운 쓰레기들을 조용히 그리고 꾸준히 끌어모으고 있었습니다. 지도나 위성지도에도 없던 이 쓰레기 섬의 쓰레기는 햇빛에 부서지고 파도에 휩쓸려 형체를 잃었을지언정 그것이 플라스틱이었다는 사실은 변하지 않습니다.

사람보다 많은 플라스틱

하루에도 트럭 2000대 분량의 플라스틱 쓰레기가 전 세계의 바다나 강 혹은 호수로 흘러들어 갑니다. 아침부터 밤까지 1분마다 트럭 한두 대가 해안에서 플라스틱을 쏟아붓는 모습을 상상해 보세요.

2020년 기준 전 세계 플라스틱 생산량은 4억 톤을 넘겼고, 이 가운데 3분의 2는 한 번 사용되고 버려집니다. 각 가정에서 재활용 분리수거를 하지만, 실제 재활용률은 전 세계 기준 9퍼센트 미만이지요.

왜 이렇게 플라스틱 사용량이 늘어났을까요? 플라스틱 산업은 전 세계의 경제가 발전하면서 함께 성장해 왔습니다. 제2차 세계대전과 자동차의 개발, 석유 가공 산업의 발전으로 플라스틱 생산량이 급증했지요.

자동차 수요가 늘자 자동차 부품을 제작할 때 필요한 플라스틱의 양 또한 더 늘었습니다. 석유 가공 산업이 발전하면서 석유를 정제하고 남은 열로 플라스틱을 생산할 수 있게 되었지요. 유리병에 물을 담아 조심조심 들고 다니던 시절은 지나갔습니다. 사람들은 손에 쥔 음료 병뚜껑을 간단히 따서 마신 뒤 근처 쓰레기통에 툭 던져 버립니다. 각양각색의 포장지로 꾸며진 과자들은 화려한 모습으로 슈퍼마켓 진열대를 가득 채웠지요. 사과나 배 심지어 딸기도 하나씩 스티로폼 그물 포장지에 담겨 진열되었습니다. 이외에도 컵, 식기, 전화기 등 생활용품은 이제 플라스틱의 형태로 집안 곳곳을 채웠습니

→ 전 세계적으로 하루에 126만 톤 가량의 플라스틱이 생산되고 있다. 이는 15톤 덤프트럭 약 8만 4000대를 가득 채우는 양이며 매일 에펠탑 약 120개를 새로 세우는 것과 맞먹는 무게다.

다. 플라스틱이 없는 일상을 과연 상상할 수 있나요?

특히 1950년대 이후 텔레비전이나 냉장고 같은 가전제품이 대중화되면서 플라스틱은 더욱 많이 사용되기 시작했어요. 가벼운 데다 전기를 통하지 않는 절연성까지 갖춘 플라스틱은 무겁고 비싼 금속 대신 라디오, 냉장고, 텔레비전의 내부 부품을 채우고 외장을 감싸기 시작했습니다. 기업들은 이 값싼 재료로 더 빠르고 싸게 제품을 생산할 수 있었지요. 플라스틱은 단순한 재료를 넘어 현대적 라이프스타일의 상징이 되었습니다.

플라스틱은 사람들의 소비 습관마저 바꾸었습니다. 예전에는 유리나 도자기처럼 오래 쓰는 물건이 귀했어요. 유리나 도자기는 값비싼 재료였기 때문에 한 번 구매하면 오랫동안 사용했지요. 플라스틱이 개발된 뒤로 사람들은 부서진 플라스틱을 고치기보단 버리고 새로 사는 편을 택했습니다. 여러 형태로 제작할 수 있었던 플라스틱은 모양도 예쁘고 값이 싸 언제든 다시 살 수 있었기 때문입니다.

1960년대부터 패스트푸드가 탄생하고 슈퍼마켓이 많아지면서 플라스틱 용기를 많이 사용하게 되었습니다. 테이크아웃 커피잔, 투명한 샐러드 용기, 빨대, 음료 뚜껑, 비닐봉지 등 무수한 형태로 플라스틱은 변형되었죠. 사람들은 편하게 끼니를 챙기기 위해 수십 개의 플라스틱 쓰레기를 버리기 시작했습니다.

21세기부터는 배달 문화가 성행하기 시작했고, 음식을 배달시키면 일회용 용기에 담긴 음식이 일회용 수저와 함께 비닐봉지에 담겨 현관문 앞에 도착합니다. 그리고 이 포장재는 식사를 마치자마자 모두 쓰레기통에 버려집니다. 버려진 포장재는 쓰레기통에서 어디로 가게 될까요?

-------- **해양 생물은 죄가 없는데** --------

이처럼 플라스틱은 대부분 쉽게 버려집니다. 플라스틱은 가벼운 데다, 튼튼하고, 쉽게 닳지 않습니다. 우리가 사용할 때는 장점이지만,

버려지면 장점은 단점으로 바뀌죠. 튼튼하기 때문에 분해되지 않아 그대로 남기 때문입니다. 슈퍼마켓에서 물건을 담았던 비닐봉지는 자연에서 썩는 데 최대 500년이 걸린다고 해요.

비가 오고 바람이 불면 쓰레기통을 빠져나온 플라스틱은 하수구를 따라 흘러가 강이나 호수 그리고 마지막에는 바다로 흘러듭니다. 플라스틱은 그곳에 사는 생물들의 목숨을 위협하죠. 천천히 헤엄치던 바다거북은 햇빛에 하얗게 반짝이는 비닐봉지를 보고 해파리인 줄 알고 삼키곤 해요. 비닐은 뱃속에서 소화되지 못합니다. 결국 바다거북은 배가 고프지만 배가 가득 차 먹이를 삼키지 못해 조용히 굶어 죽지요.

2015년 코스타리카의 태평양 연안에서는 코에 빨대가 박힌 바다거북이 발견됐습니다. 해양 생물학자 네이선 로빈슨과 크리스틴 피게너는 연구용 보트 위에서 작은 바다거북 한 마리를 관찰했어요. 그런데 바다거북이의 왼쪽 콧구멍 깊숙이 단단한 무언가가 박혀 있는 것을 포착했습니다. 연구자들은 기생충 혹은 기생조류 같은 것이라 생각했지만, 핀셋으로 살피니 모습이 드러났어요. 10센티미터가 넘는 낡고 단단한 플라스틱 빨대였습니다. 네이선 로빈슨은 스위스 군용 칼 펜치를 이용해 빨대를 빼려고 했지만 쉽게 빠지지 않았어요. 거북은 콧등에서 피가 배어 나오자 괴로움에 머리를 좌우로 흔들었습니다. 약 8분간의 작업 끝에 겨우 빨대를 꺼낼 수 있었어요.

사람이 일상에서 사용하는 빨대가 결국 바다로 흘러들어 바다거

→ 목에 비닐봉지가 걸린 바다거북은 앞으로 나아갈 수 없어 죽음을 맞이하게 된다.

북의 생명까지 위협한다는 생각에 연구자들은 아무 말도 할 수 없었습니다. 그날 이들이 유튜브에 올린 영상은 수많은 사람의 가슴을 울렸지요. 우리는 왜 이렇게까지 많은 플라스틱을 만들고, 버리게 된 것일까요? 처음엔 편리함이었지만, 지금은 고칠 수 없는 습관이 된 것은 아닐까요?

도시락 통이 녹으면
무슨 일이 벌어질까

햇볕이 따사롭게 내리쬐던 어느 봄날 주말, 민수는 친구들과 자전거를 타고 강변 공원으로 향했습니다. 흩날리는 벚꽃 사이로 바람을 가르며 경쾌하게 자전거 페달을 밟았어요. 도착하자마자 아이들은 편의점에 들렀죠. 편의점 바깥에는 생수병이 햇빛을 머금어 반짝이고 있었습니다. 아이들은 간식과 컵라면, 음료수를 사고 종이 영수증을 받았습니다.

곧바로 중국 음식도 주문했습니다. 잠시 후 도착한 배달 봉투를 열자, 하얀 스티로폼 용기 안에 탕수육과 소스가 담겨 있었어요. 용기는 얇은 투명 랩 필름으로 감싸져 있었습니다. 민수는 랩도 벗기지 않은 도시락을 전자레인지에 넣어 두었던 터라 음식이 데워지길

기다렸지요. '땅' 하는 소리가 울리자 민수는 곧바로 도시락을 꺼내려 손을 전자레인지에 밀어 넣었습니다.

"아 뜨거워."

"어머, 랩도 안 벗기고 돌렸네. 괜찮겠지?"

"뜨거웠나? 용기가 좀 눌렸네."

"배고프니까 컵라면도 전자레인지에 돌려서 얼른 먹자."

아이들은 방금 산 생수 물을 컵라면 용기에 부어 전자레인지에 넣었습니다. 아이들은 종이컵에 컵라면을 덜어 나눠 먹었고요. 면치기를 하며 함박웃음 짓고는 종이컵에 남은 라면 국물을 쭉 들이켰습니다. 그 종이컵 안쪽은 투명한 플라스틱 코팅으로 덮여 있었죠. 민수는 친구 물통을 보더니 대뜸 물었습니다.

"그 물통 되게 오래 쓴다?"

"이거 초등학교 때 태권도 대회에서 받은 기념품이야. 오래됐는데 추억이 담긴 거라 못 버리겠어."

친구가 웃으며 투명한 물병을 들어 올렸습니다. 오래 쓴 탓에 흠집이 여러 군데 나 있는 물통이었죠. 일회용 숟가락 비닐 포장지는 바람을 타고 공원 바닥을 이리저리 굴러다녔습니다.

"부먹파 손!"

"난 찍먹이지!"

아이들은 흰색 스티로폼 도시락 용기 안의 탕수육을 젓가락으로 쿡쿡 찌르며 웃음을 터뜨렸습니다.

플라스틱이라는 시한폭탄

시간이 지나면서 사람들은 의문을 품기 시작했습니다. 아이들 장난감에서는 계속해서 유해 물질이 검출되고, 음식을 담은 용기에서는 사용할수록 이상한 냄새가 났기 때문인데요. 과학자들은 질문의 답을 찾으려 하나씩 파헤치기 시작했습니다. 그리고 보이지 않는 화학 물질이 조용히 우리 몸에 해를 끼치고 있었다는 사실을 밝혀내지요. 우리는 너무 오랫동안 '편리함'이라는 빛에 휩싸여 '위험'이라는 그림자를 보지 못했던 셈입니다.

앞서 살펴본 이야기에서 아이들은 웃고 장난치는 사이 독성 물질을 먹었습니다. 아이들의 손에 몇 가지 종류의 플라스틱이 스쳤는지 아시나요? 탕수육을 담았던 하얀 스티로폼 용기PS, 소스를 감쌌던 투명 랩PVC, 햇볕 아래 있던 생수병PET, 컵라면 용기PS, 종이컵(내부 코팅PE), 플라스틱 물통OTHER 그리고 일회용 숟가락 포장 비닐LDPE까지 다섯 종류가 넘습니다.

아이들이 사용했던 플라스틱 제품을 살펴볼까요? 겉보기엔 비슷해 보여도 제품마다 종류가 다릅니다. 우리나라는 환경부가 마련한 기준에 따라 플라스틱을 7종류로 나눕니다. 플라스틱 제품의 뒷면이나 아랫면에 삼각형과 영문 약자로 성분이 표시돼 있어요.

각각의 제품은 겉보기에 전혀 위험해 보이지 않습니다. 그러나 뜨거운 음식을 담거나 햇빛에 오랫동안 노출되었거나, 전자레인지에

재질	제품 예시	특징	인체 영향	재활용 가능 여부
페트 PET	• 생수 병 • 식품 저장 용기 • 옷 • 의료 기기	• 투명성과 가벼움 • 강력한 차단성 • 뛰어난 가공성	• 70도 이상의 고온에서 환경 호르몬 및 화학 물질이 배출된다. • 세균 번식 위험이 있다.	○
고밀도 폴리에틸렌 HDPE	• 주방 용품 용기 • 식품 용기 • 장난감 • 쓰레기통 • 비닐봉지	• 단단하고 질김 • 우수한 내열성 • 내화학성 • 불투명성	• 독성이 거의 없지만 내용물이 용기에 스며들 수 있다.	○
저밀도 폴리에틸렌 LDPE	• 비닐 제품 • 일회용 비닐장갑 • 용기의 말랑한 뚜껑 • 뽁뽁이	• 유연성과 신축성 • 투명함 • 방수성	• 열에 취약하다. • 쉽게 찢어질 수 있어 다른 플라스틱보다 미세 플라스틱이 더 많이 나온다.	△
폴리스티렌 PS	• 일회용품 • 스티로폼	• 가벼움과 단열성 • 저렴함 • 충격 흡수	• PS의 원료 스티렌은 국제암연구소 기준 발암 물질로 분류된다. • 열에 매우 취약하다.	✕
폴리염화비닐 PVC	• 건축 자재 • 인조 가죽 • 학용품	• 내구성 • 저렴함	• 환경 호르몬이 많이 나온다. • 독성 가스를 내뿜는다. • 납이나 카드뮴을 사용하는 제품이 있다.	✕
복합재질 OTHER	• 첨단 기기 • 포장재 • 주방 용품 • 신소재	• 맞춤형 성능 • 자율성	• 독성 물질인 멜라민 수지가 나올 수 있다. • 환경 호르몬이 나올 수 있다.	✕
폴리프로필렌 PP	• 전자레인지용 용기 • 배달 용기 • 빨대 • 마스크	• 내열성 • 가벼움 • 질기고 튼튼함	• 음식 성분으로 인해 변질될 수 있다. • 흠집이 나면 미세 플라스틱이 많이 나온다.	○

➔ 분리배출 표시 제도에 따른 플라스틱 재질 분류

넣고 사용했을 때 성질이 바뀝니다. 그 과정에서 화학 물질이 배출될 수 있어요. 민수와 친구들은 미처 몰랐겠죠. 자신이 삼킨 음식 속에 보이지 않는 위험 물질이 함께 들어 있다는 것을요. 그리고 몸속에 들어온 위험 물질이 오랜 시간 쌓이면 몸에 독이 될 수도 있다는 것을 말입니다. 지금부터는 아이들이 눈치채지 못한 위험한 상황을 하나씩 짚어 보겠습니다.

------- 전자레인지에서 태어난 환경 호르몬 -------

먼저 랩을 씌운 채 전자레인지에 가열한 배달 용기는 왜 문제일까요? 민수는 얇은 투명 랩 필름으로 감싸져 있는 소스 통을 그대로 전자레인지에 넣었습니다. 전자레인지에서 용기를 꺼냈을 때 랩 필름의 일부가 살짝 일그러지고 음식 위에 들러붙었지요.

가정용 포장 랩은 '저밀도 폴리에틸렌LDPE'으로 만들어져 비교적 안전합니다. 저밀도 폴리에틸렌을 제작할 때는 유해 첨가물을 넣지 않는데다, 탄소와 수소로만 이루어진 단순한 사슬 구조라 안정적이기 때문이죠. 하지만 식당에서 사용하는 포장용 랩은 다릅니다.

식당에서 사용하는 랩의 원료는 폴리염화 비닐PVC입니다. 그런데 PVC로 만든 랩을 얇고 말랑말랑하면서도 접착력을 높게 만들기 위해 '프탈레이트Phthalates'라는 가소제를 넣어요. 가소제는 딱딱한 플라

→ 편의점 도시락 등 랩을 그대로 씌운 채 전자레인지에 넣고 데우면 환경 호르몬이 음식으로 이동하게 된다. 그러니 전자레인지를 사용할 때는 꼭 랩을 반드시 벗기고, 용기 특성을 확인해야 한다.

스틱에 유연성 및 탄성을 주어 마음대로 모습을 바꿀 수 있게끔 도움을 주는 물질이죠. PVC 랩을 전자레인지에 넣어 가열하면 프탈레이트가 녹아 나오는데, 이게 '환경 호르몬'입니다.

환경 호르몬은 여성 호르몬인 에스트로겐Estrogen과 분자 구조가 비슷합니다. 우리 몸은 프탈레이트를 에스트로겐으로 착각하지요. 결국 환경 호르몬이 몸에 들어오면 호르몬을 분비하는 내분비계가 교란됩니다. 그 결과 남성은 정자 수가 감소한다든지, 생식기 발달에 문제가 생깁니다. 여성은 불임 위험이 높아지고 태아의 생식 기관에도 문제가 생깁니다. 청소년이 환경 호르몬에 노출되면 성조숙증이 발병할 위험이 커요.

그래서 정부는 프탈레이트를 엄격하게 규제합니다. 특히 어린이 제품일수록 더 강하게 규제하지요. 프탈레이트는 PVC 외에도 냄새 나는 지우개, 반짝이 네일 스티커, 매니큐어, 슬라임 등 우리들이 자주 사용하는 물건에 들어갑니다.

--------- 흠집은 미세 플라스틱의 천국 ---------

다음으로 살펴볼 것은 흠집이 난 스포츠 물병과 종이 영수증입니다. 친구의 물병은 겉보기엔 멀쩡했지만 뚜껑 주변과 물병 몸체에 자잘한 흠집이 나 있었어요. 뚜껑을 열자 좋지 못한 플라스틱 냄새도 났습니다. 물병은 '폴리카보네이트Polycarbonate' 소재로 제작되어, 플라스틱 중에서는 'OTHER'로 분류됩니다. 폴리카보네이트는 충격에 강하고 투명해서 운동용 물병, 정수기용 대형 생수통에 주로 쓰이죠. 과거에는 투명하고 강한 특성 때문에 유아용 젖병으로 사용됐습니다. 그런데 이 재질은 환경 호르몬인 비스페놀A를 배출해 현재는 유아 용품에 쓸 수 없게끔 금지됐어요.

폴리카보네이트 플라스틱은 표면이 많이 긁히거나, 오래 사용하거나, 뜨거운 액체에 닿았을 때 비스페놀A가 나와서 내용물에 더 많

→ 한국의 비스페놀A 규제

현재 우리나라에서는 비스페놀 A에 대한 용출 규격을 0.6피피엠 이하로 규정하고 있다. 단위인 피피엠은 100만 분의 1을 의미한다. 즉, 전체 100만 개 중 0.6개가 들어 있다는 뜻이다.

이 스며들 수 있습니다.

게다가 아이들이 계산 후 받은 영수증에도 비스페놀A가 있습니다. 영수증의 글씨는 비스페놀A를 발라놓은 감열지에 열을 가해 숫자와 글자를 찍는 원리로 적힙니다. 따라서 영수증을 손으로 만지면 피부에 비스페놀A가 흡수될 수 있어요. 5초만 만져도 0.2마이크로그램 정도의 비스페놀A가 피부로 흡수된다는 연구 결과가 있습니다. 그러니 영수증을 만지면 바로 손을 씻어야 합니다.

비스페놀A도 프탈레이트와 마찬가지로 환경 호르몬입니다. 비스페놀A가 아기들의 뇌 발달, 아이들의 행동 문제, 성인들의 심혈관질환, 당뇨병 등을 일으킬 수 있다는 사실이 밝혀졌지요. 지금은 많은 나라에서 젖병, 유아용 식기, 식품 포장재에 비스페놀A 사용을 금지하고 있습니다. 요즘 판매되는 플라스틱 텀블러나 젖병은 대부분 '비스페놀A Free' 표시가 되어 있습니다.

--------- **생수병 속 독성 물질** ---------

다음은 햇빛 아래 방치된 생수병입니다. 아이들이 편의점에 들어갈 때, 편의점 바깥에 생수병이 진열돼 있었지요. 편의점은 생수를 가게 앞에 진열해 두고 팔거나 냉장고에 생수병을 넣기 전 바깥에 보관하는 경우도 있어요. 생수병의 재질은 PET로 비교적 안전한 플라스틱

→ 생수병은 일회용 플라스틱이니 재사용해서는 안 된다. 불가피하다면 한 번만 사용해야 하지만, 유리나 스테인리스 같은 소재로 제작된 병을 쓰는 게 낫다. 생수병을 재사용하면 스타이렌 등 독성 물질이 나올 수 있기 때문이다. 스타이렌 같은 독성 물질은 암을 유발할 수 있다는 연구도 있다.

으로 분류됩니다. 그러나 햇빛 특히, 자외선에 오래 노출되면 유해 물질을 내뿜습니다.

감사원이 지난 2022년에 실험한 결과, 보름에서 한 달 동안 고온에서 PET에 강한 자외선을 쏘았더니 생수병에서 발암 물질인 아세트알데히드_{Acetaldehyde}나 포름알데히드_{Formaldehyde}가 나왔어요. 그런데 당시 조사 대상이 된 서울 시내 소매점 3곳 중 한 곳이 페트병 생수를 야외 직사광선 아래 보관하고 있었습니다.

페트병 생수는 직사광선을 피해 서늘하고 어두운 곳에 보관해야 안전합니다. 한여름 차 안에 페트병 생수를 넣어두거나 마트의 온장

고에 들어 있는 페트병 음료는 가능한 피해야 해요.

⸺⸺ 컵라면은 괜찮을 줄 알았는데 ⸺⸺

폴리스티렌 용기에 담긴 탕수육을 전자레인지에 데우자 하얀 스티로폼 용기 한쪽이 쭈글쭈글 울었습니다. 음식에서 배어 나온 기름이 용기 안쪽에 배어 물든 자국도 선명했지요.

폴리스티렌은 스펀지처럼 가볍고 단열 효과가 좋아 음식을 포장하는 용기로 자주 쓰이지만, 열에 약하다는 단점이 있습니다. 그래서 뜨거운 튀김을 담거나, 기름진 음식을 담은 채로 전자레인지에 돌리면 위험해요. 갓 튀긴 튀김은 200도가 넘고, 기름진 음식이 전자레인지에서 데워지면 빠르게 뜨거워질 수 있기 때문이지요. 열에 약한 폴리스티렌 용기는 열에 노출되면 유해 물질이 나올 수 있어요.

끓는 물을 오래 품어야 하는 컵라면 용기도 폴리스티렌입니다. 식약처는 컵라면용 폴리스티렌 용기에 100도인 물을 부어 30분 동안 휘발성 물질이 나오는지 검사했어요. 휘발성 물질이란 액체나 고체 상태에서 쉽게 기체로 변해 공기 중으로 날아가는 성질을 가진 물질입니다. 냄새가 나거나, 암을 유발하는 등 몸에 안 좋은 물질이죠. 컵라면용 폴리스티렌 용기에서 확인하려 했던 휘발성 물질은 '스틸렌Styrene', '톨루엔Toluene', '에틸벤젠Ethylbenzene', '이소프로필벤젠

Isopropylbenzene', 'n-프로필벤젠n-Propylbenzene'입니다. 다행히도 컵라면용 폴리스티렌에서는 이러한 휘발성 물질 5종이 나오지 않았어요.

그런데 폴리스티렌으로 만들어진 일회용 용기와 컵에서는 발암물질인 스티렌이 소량 검출되었습니다. 스티렌은 국제암연구소IARC가 얼마나 확실하게 암을 유발하는가에 따라 나눈 발암 가능 물질 분류 중 '2B군'에 속하지요. 2B군에 속한 물질은 인체에 암을 일으킬 가능성이 우려되는 물질입니다. 일회용 용기와 컵에서 나온 스티렌은 인체에 해를 미칠 정도의 양은 아니었지만, 컵라면을 자주 먹는 사람이라면 마냥 안심할 수는 없어요.

-------- 수백 년 동안 멀쩡한 비닐 --------

앞서 아이들이 포크로 포장 비닐을 가볍게 벗겨냈지요? 그 순간 포장지가 바람을 타고 멀리 날아가 버렸습니다. 이 포장지는 저밀도 폴리에틸렌LDPE으로 제작된 플라스틱입니다. 얇고 투명하며 질긴 이 플라스틱은 일상생활에서 흔히 볼 수 있는 일회용 비닐봉지, 과자 봉투, 포장 비닐의 재료로 널리 사용됩니다.

LDPE는 열과 습기에 강한 편이라 식품 포장용으로 비교적 안전하다고 알려져 있습니다. 그런데 자연에 흘러들어 가면 문제가 돼요. 가볍고 얇아 바람에 날아가기 쉽고 땅에 묻혀도 수십 년에서 수백 년 동안 분해되지 않습니다.

포크 포장지 하나쯤이라는 가벼운 생각으로 버려진 비닐 조각은 강물을 타고 흘러 바다에 도착하게 됩니다. 언젠가 바다거북 같은 해양 생물이 먹게 될 수도 있어요. 그들이 먹은 플라스틱은 잘게 쪼개져 사람의 식탁에 오르게 될 것이고요.

플라스틱은 상품 그 이상의 존재입니다. 과학자의 끈기와 시대의 요구가 만들어 낸 인류의 발명품이자 인류의 문명을 지탱하는 토대가 되는 물질이지요. 그런데 이 플라스틱의 장점이 우리 몸에 해를 끼치는 단점이 되고, 강과 바다로 흘러들어 환경을 망가뜨리는 작은 독성 물질로 변하고 있습니다. 이를 '미세 플라스틱'이라고 하는데요. 미세 플라스틱은 우리 몸과 환경을 얼마나 위협하고 있을까요?

우리는 멋진 재료이자 위험한 재료인 플라스틱을 어떻게 사용해야

하는 것일까요?

3장

보이지 않는 침입,
세포 속의 조각들

미세 플라스틱은
무엇일까

1993년 9월, 영국 맨섬의 해변에서 해양생물학 박사과정을 밟고 있던 리처드 톰슨은 허리를 숙여 무언가를 찾고 있었습니다. 모래사장에는 타이어, 어망, 부서진 플라스틱 상자가 해초에 휘감긴 채 파도에 밀려 들어왔지요. 톰슨은 자원봉사자들과 함께 해변을 청소하고 있었습니다. 모두가 눈에 띄는 큰 쓰레기를 줍는 동안 그는 작은 조각에 눈길을 주었습니다.

그는 모래를 한 줌 집어 들었습니다. 갈색 모래 사이로 파란색, 분홍색, 녹색 가루가 반짝거렸습니다. 마치 모래 사이에 반짝이를 뿌려 놓은 것처럼 보였지요. 톰슨은 그 조각들을 실험실로 가져갔습니다. 현미경으로 그 조각들을 들여다보자마자 그는 눈을 의심했어요.

"이건 모래가 아니야, 플라스틱이야!"

모래알보다 작고 머리카락보다 가느다란 조각들이 현미경 렌즈 아래서 반짝였습니다. 유심히 보지 않으면 알아챌 수 없을 만큼 작은 플라스틱 조각이 모래알 사이에 숨어 해변 전체에 퍼져 있었던 것이지요. 그는 그 작은 플라스틱 조각을 보며 깨달았습니다.

"눈에 보이지 않아서 마음에서도 멀어졌구나I suppose it was kind of out of sight, out of mind."

눈에 보이지 않는다는 이유로 오랫동안 인식하지 못했던 존재, 미세 플라스틱에 의해 바다는 이미 오염되고 있었어요. 이후 톰슨은 10년간 팀원들과 함께 해변의 퇴적물, 바닷물, 해양 생물을 조사해 마침내 2004년에 논문 한 편을 발표했습니다. 국제 학술지 《Science》에 실린 논문 제목은 〈Lost at sea: where is all the plastic?〉이었습니다. 그는 이 논문에서 처음으로 '미세 플라스틱microplastics'이라는 단어를 사용했어요.

단 한 페이지의 짧은 논문은 전 세계의 이목을 집중시켰습니다. 톰슨은 토요일에 《Science》에 논문이 발표된 것을 확인한 뒤 주말 동안 캠핑을 다녀왔어요. 일요일 저녁, 집으로 돌아간 톰슨은 이메일을 열어 보니 수십 건의 인터뷰 요청 메일이 쌓여 있었습니다. 다음 날인 월요일 오전에는 인터뷰 전화를 받느라 다른 일을 할 수 없을 정도였어요.

그날부터 톰슨은 본격적으로 미세 플라스틱 연구자의 길을 걷기 시작합니다. 당시엔 주목받지 못하던 이 주제는 점차 전 세계 연구자의 관심을 끌며 하나의 독립된 연구 분야로 자리 잡았습니다. 그리고 시간이 지나 플리머스대학교의 교수가 된 톰슨은 20년이 지난 2024년 9월에 다시 국제 학술지 《Science》에 논문 〈Twenty years of microplastic pollution research-what have we learned?〉을 발표했습니다. 그 논문은 미세 플라스틱이 해양 생물과 인간 모두에 미치는 위험을 종합적으로 분석한 연구였죠. 그는 플라스틱 생산과 사용을 줄이기 위한 국제적 협약의 필요성도 강조했어요. 이 공로로 톰슨은 2025년 미국 시사주간지 《TIME》이 선정한 '세계에서 가장 영향력 있는 100인'에 이름을 올렸습니다.

바다를 조용히 망가뜨리던 미세 플라스틱을 처음 발견해 이름 붙인 톰슨. 톰슨의 발견은 자연에 널리 퍼진 미세 플라스틱의 위험성을 보지 못했던 인간에게 보내는 바다의 경고가 아니었을까요.

-------- 보이지 않아서 더욱 위험한 --------

미세 플라스틱은 이름 그대로 아주 작은 플라스틱 조각입니다. 지름이 5밀리미터 이하인 플라스틱 입자를 미세 플라스틱으로 분류하지요. 개미보다 작거나 머리카락보다 가늘어 현미경으로만 보일 정도로 작은 플라스틱입니다.

미세 플라스틱은 생산된 원인에 따라 '1차 미세 플라스틱'과 '2차 미세 플라스틱'으로 나뉩니다. 1차 미세 플라스틱은 화장품 속 스크럽 알갱이나 치약의 반짝이는 입자처럼 처음부터 작은 플라스틱 입자로 만들어진 것을 말합니다. 어쩌면 거품 목욕을 하던 욕조, 양치질을 하던 세면대가 미세 플라스틱이 바다로 흘러드는 출발점일 수도 있을 듯하네요.

2차 미세 플라스틱은 바람이나 파도, 자외선 등 물리적인 충격에 의해 부서져서 작아진 플라스틱을 말합니다. 종류는 헤아릴 수 없이 다양해요. 플라스틱 병이 파도에 휩쓸리고 햇빛에 노출되어 깨진 조각, 바람에 깎여 찢어지고 조각난 비닐봉지 등이 있지요. 특히 플라스틱 쓰레기가 자외선에 노출되면 광분해 반응이 일어납니다. 플라스틱이 분해되면서 미세 플라스틱이 아주 잘 만들어지는 대표적인 장소가 바로 해변이에요. 강한 자외선 노출, 파도에 의한 물리적인 마찰, 난류 등이 원인이죠.

눈에 보이지 않아도 존재하는 것들이 있습니다. 우리가 버린 플라스틱은 그 자체로도 문제지만 부서져 작아지면 자연에 더 쉽게 숨어들고 더 멀리 퍼져나갑니다. 이렇게 미세 플라스틱은 자연 속에서 수백 년 동안 남아 부서지고 또 부서지면서 눈에 보이지 않은 입자가 되어 자연에 오래 남아 해를 끼치고 있었습니다.

→ 바다로 흘러들어 간 미세 플라스틱은 해양 생물의 체내에 쌓여 생식 기능과 신경계에 치명적인 장애를 일으킨다. 미세 플라스틱을 섭취한 해양 생물들은 먹이사슬을 타고 올라와, 결국 최종 포식자인 사람의 식탁에 오른다. 사람이 버린 플라스틱이 돌고 돌아 다시 사람의 건강을 위협하는 셈이다. 사진은 바다 위에 떠 있는 미세 플라스틱.

생수병 뚜껑을 열어 시원한 물 한 모금을 마시는 모습은 너무나 익숙합니다. 그런데 문제는 생수병 뚜껑을 열 때부터 발생해요. 뚜껑을 비틀어 딸 때 플라스틱 마개와 병 입구에서 생긴 마찰로 미세 플라스틱이 생깁니다. 미세 플라스틱은 물에 섞이지요.

연구에 따르면, 생수병 뚜껑을 한 번 열 때 리터당 131개의 미세 플라스틱 입자가 물에 섞입니다. 뚜껑을 여닫는 횟수가 많을수록 미세 플라스틱이 더 많이 발생하지요. 국내에서 판매된 500밀리리터 생수병에 최대 13개의 미세 플라스틱 조각이 들어 있다는 조사 결과도 나왔습니다.

--------- 맛있게 먹은 미세 플라스틱 ---------

사람은 연간 약 7.3밀리그램에서 16.1밀리그램에 달하는 미세 플라스틱을 섭취한다고 합니다. 물이나 소금, 해산물, 음료 등 다양한 음식을 통해 먹게 되지요. 그중에서도 해산물이나 해조류의 경우 바다로 흘러들어 가는 미세 플라스틱이 많아 육지의 생물보다 더 쉽게 미세 플라스틱에 노출됩니다. 미세 플라스틱이 가득한 해산물이나 해조류는 자연스럽게 사람이 먹고요.

종류에 따라 다르겠지만, 내장까지 먹는 해산물이나 조개류에 미세 플라스틱이 많이 쌓여 있습니다. 한국해양과학기술원에 따르면 국내 연안에 사는 굴, 담치, 바지락 등에서 1그램당 0.3개에서 0.4개에 달하는 미세 플라스틱이 발견되었다고 해요. 굴 하나가 약 30그램이라 가정하면 1개당 9개 이상의 미세 플라스틱이 들어 있는 셈입니다.

조개류는 촉수로 먹이를 먹습니다. 동시에 먹이가 아닌 것들은 촉수로 거르는 여과섭식 생물이지요. 조개류는 촉수로 플랑크톤 같은 먹이를 먹다 함께 삼킨 미세 플라스틱을 거르지만, 걸러내지 못한 미세 플라스틱은 체내에 쌓이게 됩니다. 결국 사람은 이러한 조개류까지도 먹어 몸에 고스란히 미세 플라스틱을 쌓게 됩니다.

컵라면도 마찬가지입니다. 스티로폼 재질의 컵라면 용기에 뜨거운 물을 붓고 30분이 지나면 미세 플라스틱 17개가 물에 녹아든다는

→ 조개류는 미세 플라스틱의 섭취와 농축에 적합한 생물학적 특성이 있어 해양 환경 모니터링 및 오염 지표의 생물체로 활용되고 있다.

연구가 있습니다. 라면을 후루룩 건져 먹을 때 면과 국물뿐 아니라 작은 플라스틱 조각들도 함께 먹었던 셈입니다.

마시는 차도 미세 플라스틱으로부터 자유롭지 못해요. 차는 여러 방법으로 우릴 수 있지만, 최근에는 찻잎을 티백에 넣어 간편하게 우립니다. 티백은 나일론이나 폴리에틸렌, 테레프탈레이트PET 등으로 제작되어 한 번 쓰고 버려지지요.

플라스틱 재질의 티백을 우리려면 뜨거운 물에 담가야 합니다. 시간이 지나면 열에 의해 미세한 플라스틱 입자가 나와요. 차를 한 번 우릴 때 수십억 개의 미세 플라스틱이 차에 섞여 나온다는 연구도 있습니다. 나일론과 폴리에틸렌 그리고 테레프탈레이트로 만들어진 플라스틱 티백을 95도의 뜨거운 물에 우려냈더니 티백 하나에서 약 116억 개의 미세 플라스틱이 배출됐다고 해요. 116억 개는 1초에 100개씩 세도 37년이 걸릴 만큼 많은 양입니다.

음식을 요리할 때 쓰는 프라이팬도 플라스틱의 위험에서 벗어날 수 없습니다. 가정에서는 편하게 관리하기 위해 코팅된 프라이팬을 많이 쓰지요. 그런데 코팅하는 재료도 플라스틱입니다. 프라이팬에 음식이 달라붙지 않게 하는 코팅 기술을 '논스틱Non-stick'이라 불러요. 논스틱 코팅을 하려면 테플론PTFE이라는 재료가 필요하죠. 열에 강한 테플론이 들어간 프라이팬을 사용하면 음식이 눌어붙지 않아 편리합니다. 다만 조리 중 코팅이 벗겨지거나 흠집이 생기면 미세 플라스틱이 많이 나와 음식에 섞이게 돼요. 코팅이 벗겨진 프라이팬에서 조리된 음식을 먹으면 사람의 몸에도 미세 플라스틱이 쌓이죠. 논스틱 프라이팬은 요리를 쉽게 할 수 있는 편리한 제품이지만, 관리를 못하면 미세 플라스틱의 진원지가 됩니다.

인공눈물, 선크림, 스크럽제 같은 화장품과 개인 위생용품에도 미세 플라스틱이 들어 있습니다. 주로 폴리에틸렌이나 아크릴레이트 계열 고분자로, 제품의 점도를 높이거나 바르는 질감을 좋게 만들기 위해 쓰입니다. 사용 후 씻어낸 잔여물은 정수 처리를 거쳐도 걸러지지 않고 자연으로 흘러들게 됩니다.

음식의 간을 맞출 때 꼭 사용하는 요리 재료인 '소금'에도 미세 플

→ 소금

2018년 당시 6개 대륙, 21개 나라의 소금을 대상으로 한 조사에 따르면 아시아산 소금에서 가장 많은 미세 플라스틱이 검출됐다. 인도네시아, 대만, 중국 순으로 미세 플라스틱이 검출되는 양이 많았다. 국내산 소금에서는 킬로그램당 최고 230개 조각이 나왔다.

라스틱이 섞여 있습니다. 천일염은 바닷물을 증발시켜 얻기 때문에 바다에 떠다니는 미세 플라스틱이 있을 수밖에 없어요. 실제로 다양한 국가의 소금 샘플에서 미세 플라스틱이 발견됐습니다.

2018년에는 해양수산부의 의뢰로 국립목포대학교가 국내 시판 중인 천일염 6종을 분석하는 연구를 진행했습니다. 조사 결과 천일염 6종 전부 미세 플라스틱이 들어 있었어요. 프랑스산 천일염에서는 100그램당 242개, 국내산에서는 최고 28개, 중국산에서는 17개, 호주산에서는 13개의 미세 플라스틱이 발견됐습니다.

인천대학교 해양학과 김승규 교수팀과 국제환경단체 그린피스가 공동으로 수행한 연구에서도 결과는 변하지 않았어요. 전 세계 각지의 소금에서 미세 플라스틱이 검출됐지요. 연구팀의 분석 결과를 보면 세계 16개 나라 28개 지역의 바닷물로 생산한 소금 표본 가운데 단 두 곳을 제외한 26개 지역의 소금 표본에서 미세 플라스틱이 검출됐습니다. 미세 플라스틱이 함유된 소금 표본 중 3개는 한국에서 생산된 것이었어요. 이 연구는 환경과학 분야의 국제 학술지인 《Environmental Science & Technology》에 발표되었습니다. 이러한 결과처럼 이미 미세 플라스틱은 전 세계 바닷속에 광범위하게 분포해 바닷물의 구성성분으로 자리 잡은 것이 아닌가 우려됩니다.

뇌에 눌러앉은 미세 플라스틱

이처럼 우리는 매일 알게 모르게 미세 플라스틱을 만듭니다. 만드는 것도 모자라 그것을 다시 들이마시고 몸속에 쌓으며 살아가고 있지요. 피부를 뚫고 점막을 지나 혈류를 타고 인체의 조직 곳곳에 미세 플라스틱이 침투하는 상상은 이제 현실이 되었습니다.

그렇다면 우리 몸에 미세 플라스틱은 얼마나 많이 쌓여 있을까요? 2019년 세계자연기금WWF과 호주의 뉴캐슬대학교 연구진이 함께 진행한 연구가 있습니다. 성인 한 사람이 일주일간 신용카드 한 장 무게에 해당하는 5그램의 미세 플라스틱을 섭취하고 있다는 연구 결과를 발표해 세상을 떠들썩하게 만들었는데요. 이후 과학자들이 추가로 연구한 결과 미세 플라스틱을 이렇게 많이 먹고 있지는 않다고 합니다. 미세 플라스틱 섭취량이 주당 1.14밀리그램에 불과하다는 주장부터 그보다 많다는 주장까지 아직 논란의 여지가 많아요.

일단 우리 몸에 들어온 미세 플라스틱은 대변을 통해 대부분 밖으로 배출된다는 것은 분명합니다. 다만, 몸속에 남은 일부 미세 플라스틱이 혈액을 타고 온몸을 돌다가 장기에 쌓이지요. 이미 혈액, 모유, 태반, 골수 등에서 미세 플라스틱이 나온 사례는 많습니다. 특히 모유와 태반에서 미세 플라스틱이 발견되었다는 것은 여성의 몸에 누적된 미세 플라스틱이 신생아에게도 전달될 수 있다는 뜻이에요.

몸에서 가장 중요한 기관이자 모든 행동과 생각 등을 총괄하는

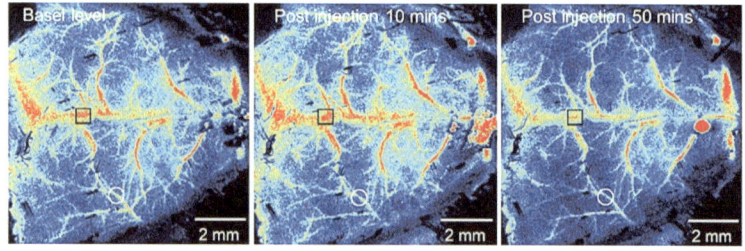

→ 미세 플라스틱이 뇌로 들어가면 혈전을 만들어 혈액의 흐름을 방해한다. 사진은 미세 플라스틱이 쥐의 뇌를 통과하는 과정을 추적한 뇌혈관 현미경 이미지다. 혈류량이 많으면 빨간색으로 표시된다. 미세 플라스틱이 침투되기 전(왼쪽)에는 혈액 흐름이 활발했지만, 침투한 뒤에는 혈액 흐름이 줄어드는 것을 볼 수 있다.

뇌에서도 미세 플라스틱이 발견됩니다. 2016년, 뉴멕시코대학교에서 사망자의 신체를 부검해 뇌(전두엽), 간, 신장 조직을 조사했는데 모든 조직에서 미세 플라스틱이 검출되었어요. 주로 폴리에틸렌, 폴리프로필렌, 폴리염화비닐이었습니다. 특히 뇌에서는 나노미터 크기의 작은 미세 플라스틱 조각이 발견됐다고 하지요.

뇌에는 이물질이 뇌혈관을 통해 뇌로 들어가지 못하게 막는 '혈액뇌장벽Blood-brain barrier'이 있습니다. 뇌는 몸의 다른 기관보다 민감하고 중요해요. 그래서 혈액뇌장벽은 병원균이나 염증성 물질 등 뇌에 심각한 문제를 일으킬 수 있는 물질을 걸러내 뇌를 보호합니다. 그런데 미세 플라스틱은 워낙 작아서 이 장벽마저 뚫고 우리 몸의 최후 보루인 뇌까지 침투한다는 점에서 정말 심각하게 위험합니다.

이들은 2024년에도 똑같은 연구를 진행했는데요. 2016년에 뇌에서 발견한 미세 플라스틱보다 50퍼센트 더 많은 미세 플라스틱이

2024년의 뇌에서 발견되었습니다. 사람이 살아가는 환경의 미세 플라스틱 농도가 높아지면서 인체에 쌓이는 미세 플라스틱의 양도 늘어난 것이지요. 동시에 연구진들은 치매 환자의 뇌에서 미세 플라스틱을 더 많이 발견했다고 발표했습니다. 이는 미세 플라스틱이 치매 같은 질병을 유발할 수 있다는 가능성을 제기한 것입니다.

------- 어디에나 있고 어디에서도 보이지 않는 -------

미세 플라스틱은 인간뿐 아니라 지구 생태계 전체에 흔적을 남기고 있습니다. 북극과 에베레스트산은 물론 심해에서조차 발견될 정도지요. 영국 연구진은 에베레스트산 정상의 턱 밑 지점인 해발 8440미터에서 미세 플라스틱을 발견했습니다. 에베레스트산에서 발견된 미세 플라스틱은 주로 폴리에스터, 나일론, 폴리프로필렌 섬유, 아크릴이었죠. 미세 플라스틱이 가장 많이 나온 곳은 등반객이 머무르는 베이스캠프였습니다. 등반객의 용품이나 옷에서 나온 것으로 분석했지요. 에베레스트산이 미세 플라스틱으로 오염된 것은 결국 인간 때문입니다.

미세 플라스틱은 에베레스트산처럼 고도가 높은 산과 바다에서도 발견됩니다. 미세 플라스틱은 해류나 해양 생물의 먹이사슬을 타고 바다 깊은 곳까지 이동해요. 세계에서 가장 깊은 바다, 태평양 마리아

→ 과학자들은 지구의 외딴 산악지대나 극지방 설원에서도 미세 플라스틱을 발견했다. 고도가 높아질수록 폴리스티렌과 셀룰로오스 아세테이트 같은 가벼운 미세 플라스틱의 양이 증가한다고 한다. 이는 대기 중에 떠다니는 미세 플라스틱이 바람에 의해 높은 산악지대로 이동한다는 것을 뜻한다.

나 해구의 수심 1만 미터 아래에서도 미세 플라스틱이 발견됐지요.

일본 해양지구과학기술기구 JAMSTEC의 연구에 따르면, 수심 6800미터의 마리아나 해구에서 1세제곱미터당 1만 3500개의 미세 플라스틱 입자가 검출됐다고 합니다. 이는 비교적 얕은 바다인 대서양의 수심 약 100미터에서 270미터 구간에서 발견된 양보다 10배 이상 높은 수치입니다. 이 결과는 인간의 활동으로 발생한 미세 플라스틱이 심해의 끝자락까지 도달해 축적되고 있음을 보여 줍니다.

게다가 이렇게 바다에 쌓인 미세 플라스틱은 플랑크톤부터 고래까지 크고 작은 해양 생물의 몸속으로 들어갑니다. 작은 해양 생물을 상위 포식자가 먹는 과정을 지나, 결국 그 먹이사슬의 끝에 있는 인간이 다시 미세 플라스틱을 섭취하게 되지요.

우리 눈에 보이지 않을 뿐, 미세 플라스틱은 이미 생태계를 장악했습니다. 지구를 돌고 돌던 미세 플라스틱은 인간의 몸에 들어가 혈관을 타고 순환하지요. 그래서 이렇게 묻고 싶습니다.

오늘 당신은 몇 그램의 플라스틱을 섭취하셨나요?

미세 플라스틱이 위험하다는 것은 알지만 정확히 어떻게 위험한 것인지는 알기 어렵습니다. 그래서 세계보건기구wHO는 몸에 흘러든 미세 플라스틱이 얼마나, 어떻게 위험한지를 3가지로 설명했어요.

첫째, 미세 플라스틱은 세포 조직에 박혀 염증을 일으킵니다. 미세 플라스틱은 면역 세포를 자극해 염증 반응을 일으키지요. 이 염증 반응은 가벼운 질환부터 암 같은 중증 질환까지, 거의 모든 질병의 출발점이 됩니다.

둘째, 플라스틱에 포함된 비스페놀A, 프탈레이트 같은 가소제는 인체의 호르몬(내분비계)을 교란시키는 환경 호르몬입니다. 이 호르몬 교란 물질들은 질병의 원인이 되기도 하지요. 미세 플라스틱과 함께 환경 호르몬이 몸속에 들어오면 인체의 내분비계에 문제가 생깁니다. 호르몬 시스템 균형이 무너지면 성장, 생식, 면역에도 영향을 미치지요.

셋째, 감염의 원인이 됩니다. 미세 플라스틱은 물을 밀어내는 '소수성' 성질을 갖고 있습니다. 소수성 물질에는 세균이나 바이러스 같은 미생물이 쉽게 달라붙지요. 세균이나 바이러스가 달라붙은 채 체내에 들어온 미세 플라스틱은 그 자체로 감염의 매개체가 될 수 있습니다. 미세 플라스틱이 유해 물질이나 병원균을 지닌 채 세포 속에 들어가는 현상을 '트로이 목마Trojan horse' 효과라고 합니다. 그리스 로마 신화에 나오는 트로이 목마처럼 방어막을 뒤흔들어 뚫고 들어가 피해를 준다는 의미에서 붙은 이름이죠.

현재까지의 연구는 대부분 동물을 대상으로 이루어졌습니다. 직접 인간의 몸에 실험을 시도하는 것은 윤리적으로 어렵기 때문이지요. 한 연구에서는 생쥐에게 미세 플라스틱을 먹였더니, 장 점막이 손상되고 면역계가 변화했으며, 뇌 발달이 지연되었다는 것을 밝혀냈습니다. 이외에도 기억력 저하, 불안 행동 증가, 뇌 속 염증 유전자 활성화 같은 신경계 이상 반응도 관찰했어요.

또 다른 연구에서 미세 플라스틱을 먹은 생쥐는 정자 수가 줄었고 수정률이 떨어졌으며, 그 영향이 3대 후손까지 이어졌다는 결과도 나왔습니다. 플라스틱의 독성이 단지 한 세대의 문제가 아니라 유전될 수 있는 문제임을 암시하는 것입니다. 실제로 임산부의 태반에서

➡ 트로이 목마 효과는 새로운 항암제를 개발하는 데도 쓰인다. 영양분을 흡수하기 위해 특정 단백질을 받아들이는 암세포의 특성을 이용하는 것이다. 암세포가 좋아하는 항체에 강력한 항암제를 숨겨 투입하면 암세포는 항체를 영양분으로 착각해 세포 안으로 들여보낸다. 세포 내부로 들어간 항암제는 그 순간 방출되어 암세포만 선택적으로 사멸시킨다.

도 미세 플라스틱이 발견되기도 했습니다. 이는 아기가 태어나기도 전에 이미 미세 플라스틱에 노출되고, 플라스틱의 독성이 유전될 수 있다는 것을 보여 줍니다.

--------- 모르니 더 조심할 수밖에 ---------

많은 사람이 미세 플라스틱을 섭취하면 정말 암에 걸리는지 궁금해합니다. 현재까지는 가능성이 있지만 아직 확실하진 않다는 답변만 할 수밖에 없어요. 이는 인체를 대상으로 장기적인 연구를 진행한 결과가 충분하지 않기 때문입니다. 독성을 평가할 기준도 명확하지 않지요. 그래서 아직 많은 부분이 빈칸으로 남아 있습니다. 즉, 위험하다는 답을 내놓으려면 충분히 많은 과학적 사실이 뒷받침되어야 합니다. 위험하다는 답을 하려면 과학자들이 더 많은 연구를 진행해서 미세 플라스틱이 인체에 해를 입히는 구체적인 정보를 파악하고, 얼마만큼의 독성을 일으키는지 평가할 만한 기준도 마련되어야 하는데요. 이는 시간이 더 필요하다는 뜻입니다.

정확히 모른다고 해서 안심해도 된다는 뜻은 아닙니다. 오히려 많은 것이 밝혀지기 전까지 안개 속에 있다고 생각하는 것이 올바른 태도예요. 미세 플라스틱이나 환경 호르몬이 몸속에 들어와 축적되었을 때 어떤 부작용이 생길지 알 수 없기 때문입니다.

특히 어린이들처럼 태어나면서부터 플라스틱에 둘러싸여 살아가는 세대일수록 다른 세대보다 노출량이 더 많고 노출 기간도 더 깁니다. 미세 플라스틱은 지금 당장 플라스틱 생산을 멈추어도 앞으로도 수백 년 이상 우리 몸에 계속 쌓일 것입니다. 이 때문에 과학자들은 어린이들이 가장 먼저 그리고 가장 크게 영향을 받을 가능성이 있다고 경고합니다.

네덜란드 연구진은 18세 청소년의 몸에 약 8300개, 70세 노인의 몸에는 5만 개가 넘는 미세 플라스틱이 축적될 수 있다고 경고했습니다. 어린이의 경우 1인당 하루 553개, 성인의 경우 하루 883개의 미세 플라스틱을 섭취하는 것으로 나타났으며 그 중 상당수는 체외로 배출되지만 일부는 몸에 남아 조용히 쌓인다고 했지요. 태어날 때부터 플라스틱에 둘러싸인 환경에서 살아가는 어린이들은 시간이 흐를수록 더 많은 미세 플라스틱에 노출됩니다. 그리고 그 영향은 수십 년 뒤, 노년이 되어서야 본격적으로 나타날 거예요. 지금 우리가 플라스틱과 공존하는 방식은 미래 세대의 건강을 담보로 한 선택이 아닐까요.

독성 물질은 생태계를
어떻게 바꿀까

2019년에 부경대학교의 과학자들은 낙동강 물을 떠서 비커에 담았습니다. 그들은 연구실에 돌아와 현미경으로 물을 들여다보았지요. 물속에는 모래알보다 작고 반짝이는 미세 플라스틱이 있었습니다.

낙동강에서 발견된 미세 플라스틱은 강물 1세제곱미터당 약 150개에 달했습니다. 낙동강에 살던 물고기에게서도 발견됐는데, 누치한 마리당 4.3개, 밀자개는 3.5개, 메기 1.7개, 붕어에서는 0.9개가 검출됐습니다.

하천은 바다의 혈관이라고 불립니다. 낙동강도 바다로 흘러들죠. 결국 낙동강의 미세 플라스틱은 바다로 흘러들어 바다의 미세 플라스틱 농도를 높이게 됩니다.

해양학자들은 2022년에 50조 개에서 75조 개 사이의 미세 플라스틱이 전 세계 강과 호수 그리고 바다에 있다고 추정했습니다. 눈에 보이지 않는 작은 플랑크톤부터 조개, 새우, 어류, 바다거북, 고래까지 미세 플라스틱의 영향권 아래서 살아가고 있는 것이지요.

미세 플라스틱은 바다 생태계의 먹이사슬을 따라 이동합니다. 눈에 보이지 않을 만큼 작지만, 바다 생태계의 시작점인 플랑크톤은 물속을 떠다니는 미세한 플라스틱을 섭취해요. 그것을 먹은 작은 물고기, 이 작은 물고기를 삼키는 큰 물고기 그리고 바다의 포식자인 물개, 참치, 고래까지 이어집니다.

------- 플라스틱을 먹이로 착각하는 해양 생물 -------

2022년 발표된 연구에 따르면 미국 캘리포니아 해안에 서식하는 대왕고래가 하루에 섭취하는 미세 플라스틱의 양이 최대 1000만 개, 무게로 따지면 약 43킬로그램이라고 합니다. 크릴새우를 주로 먹는 대왕고래가 입을 크게 벌려 수많은 크릴새우를 삼킬 때 크릴새우와 함께 눈으로는 볼 수 없는 1000만 개의 미세 플라스틱이 함께 대왕고래의 몸으로 들어가는 것이지요. 43킬로그램은 성인 두 명이 나서야 겨우 들 수 있을 정도로 무거운 양입니다.

대왕고래는 길이 30미터, 무게 200톤에 달하는 지구 역사상 가장

→ 성체 대왕고래는 하루에 크릴새우를 평균 4톤씩 먹는다. 플라스틱 오염이 심한 바다에서 대왕
고래가 섭취하는 미세 플라스틱은 크릴새우만큼 훨씬 많을 것이다.

→ 플라스틱이 먹이인 줄 알고 들여다보는 앨버트로스와 새끼 앨버트로스

큰 동물입니다. 이들의 몸에 쌓이는 미세 플라스틱은 대부분 크릴새우를 먹는 과정에서 몸에 흘러들어 가게 되지요. 이 과정에서 대왕고래는 배를 채우지만 정작 영양소를 흡수하지 못합니다. 미세 플라스틱은 영양분이 없기에 고래의 배만 불린 셈이지요. 크릴새우를 먹어야 하는 대왕고래는 미세 플라스틱 때문에 단백질이나 지방도 충분하게 얻지 못합니다.

영국에서는 해안가로 떠밀려 온 고래, 돌고래, 물개 총 50마리의 사체에서 모두 미세 플라스틱이 검출됐다는 슬픈 연구 결과가 발표됐습니다. 미세 플라스틱의 80퍼센트 이상이 의류, 고기잡이에 쓰이는 어구, 치약 등에서 발생한 것이었죠. 나머지 20퍼센트는 식품 포장지나 페트병이 잘게 부서진 조각 등이었습니다.

물고기의 경우 미세 플라스틱으로 생식기관에 문제가 생기고 있습니다. 한국생명공학연구원에서는 제브라 피시를 대상으로 미세 플라스틱의 독성 영향에 관해 실험을 진행했다고 해요. 제브라 피시의 몸속에 침투해 난막을 통과한 나노 크기의 초미세 플라스틱은 체내에 쌓였고, 50나노미터 이하의 초미세 플라스틱이 배아의 미토콘드리아까지 망가뜨렸다고 합니다. 미토콘드리아는 세포 안에 있는 소기관입니다. 세포에 에너지를 공급하기에 세포 발전소라 불리지요. 미토콘드리아에 이상이 생기면 각종 질병이 발생하게 됩니다.

이외에도 바닷새들은 미세 플라스틱을 먹이로 착각해 먹는 경우도 종종 있습니다. 미세 플라스틱이 위장에 쌓인 탓에 바닷새는 배가 불러 먹이를 찾지 않게 되지요. 미세 플라스틱으로 배가 가득 찬 새는 결국 영양이 부족해 죽음을 맞이하게 됩니다.

⸺⸺ 결국 우리의 식탁으로 ⸺⸺

우리는 고래와 바닷새의 죽음을 무겁게 받아들여야 합니다. 식탁에서 마주하는 생선이나 조개 등 해양 생물의 눈에 보이지 않는 조각이 들어 있기 때문입니다. 고통을 겪고 있는 해양 생물의 모습이 먼 훗날 인간의 모습이 되지 않으리라는 보장도 없습니다.

미세 플라스틱 문제는 해양만의 문제가 아닙니다. 대기에도 미세 플라스틱이 떠다니고 있지요. 서울시 보건환경연구원의 조사에 따르면 서울과 경기도에서 채집한 공기 시료 전체에서 미세 플라스틱이 검출됐다고 합니다. 공기 중 미세 플라스틱은 세제곱미터당 0.45개에서 6.64개(평균 2.51개)였습니다. 실내 공기에서는 세제곱미터당 평균 3개, 실외 공기에서는 평균 1.96개였지요. 미세 플라스틱 종류는 폴리에틸렌이 가장 많았고, 실내에서는 폴리에스터 같은 합성 섬유의 미세 플라스틱이 상대적으로 많이 나왔습니다.

그렇다면 우리가 살아가는 지구에서 미세 플라스틱을 피할 장소는 없을까요? 네, 아마 없을 것입니다. 먹고 숨 쉬는 모든 순간에 우리는 미세 플라스틱과 함께 살아갑니다. 그리고 그 대가는 인간이 가장 혹독하게 치르게 될 것입니다.

4장

유행보다
오래 남는 섬유

옷은 왜 썩지 않을까

1950년대 중반, 미국의 어느 가정집에서 두 아이의 엄마이자 전업주부인 엘리자베스는 늦은 밤까지 쌓여 있는 세탁물 더미와 씨름하며 졸음을 쫓고 있었습니다. 창가를 통과한 달빛 사이로 다리미에서 피어오른 김이 뿌옇게 솟아올랐지요. 거실에서 홀로 다림질하던 엘리자베스는 긴 한숨을 내쉬며 뜨거운 다리미를 쥐었습니다. 자기 전에 남편이 내일 입을 셔츠, 아이들이 학교에 입고 갈 교복, 자신의 옷까지 다림질해 두지 않으면 내일 아침은 전쟁터가 될 게 뻔했죠.

그녀는 뻐근한 허리를 손으로 두드렸습니다. 눈꺼풀은 천근만근 무거웠지만 다림질을 멈출 수는 없었어요. 당시는 깔끔하고 단정한 옷차림이 미덕이던 시절이었기 때문이지요. 남편과 아이들이 구겨진 옷을 입고 집 밖을 나서는 일은 엘리자베스로서는 상상할 수 없었습니다. 엘리자베스는 옷을 전부 다린 뒤에야 잠들 수 있었어요.

이른 아침 눈꺼풀을 비비며 아침을 준비하던 엘리자베스는 신문에서 '기적의 실'로 만든 옷이 출시됐다는 광고를 봤습니다. 신문에는 듀폰에서 새로 개발한 폴리에스터 섬유 '다크론Dacron'이 기적의 실이라며 대대적으로 홍보했지요. 엘리자베스는 인공 섬유로 면이나 울처럼 편안하고 품격 있는 옷을 만들 수 있다거나, 세탁 후 다림질 없이 입을 수 있다는 것을 믿지 못했습니다.

결국 궁금했던 엘리자베스는 백화점에 가서 신문에서 보았던 다크론으로 제작된 남성용 정장을 직접 보았습니다. 정장은 "다림질이 필요 없는 정장", "구김 없는 비즈니스 정장" 같은 문구와 함께 진열되어 있었지요. 엘리자베스는 호기심과 기대를 안고 정장을 만졌습니다. 옷은 부드러우면서도 탄탄했죠. 손으로 움켜쥐고 펴도 다시 원래대로 돌아가는 탄성에 감탄했습니다. 엘리자베스는 자리에서 바로 정장 한 벌을 사서 집으로 돌아갔습니다.

이렇게 천연섬유를 대신한 인공섬유의 시대, 즉 '입는 플라스틱의 시대'가 시작됐습니다.

→ 링클프리

링클프리란 '주름에서 자유롭다'라는 뜻으로, 세탁해도 외관상 변형이 없고 주름이 지지 않는 기능을 뜻한다. 주름에 예민한 셔츠 등에 적용되는 기능이다.

········· 기적의 실에서 환경의 독으로 ·········

체육 시간이 끝나고 땀에 젖은 운동복은 얼마 지나지 않아 금세 마르곤 합니다. 마른 운동복은 촉감이 가볍고 부드럽지요. 매일 입는 교복도 하루 입은 린넨 셔츠보다 주름이 덜합니다. 이 모든 현상은 전부 플라스틱 덕분에 벌어지는 일입니다.

운동할 때 입는 기능성 티셔츠, 주름이 생기지 않도록 만들어진 교복, 편해서 자주 입는 후드티, 시원한 여름 반바지 등은 플라스틱으로 만들어진 섬유, 즉 합성 섬유로 만들어졌습니다. 나일론, 폴리에스터, 스판덱스, 아크릴……. 옷 라벨에서 한 번쯤은 봤을 이 단어들은 모두 플라스틱의 다른 이름입니다.

현재 패션 업계에서 플라스틱은 없어선 안 됩니다. 천연 면처럼 부드럽고 울처럼 따뜻한 데다가 값싸며 튼튼하기 때문이죠. 그리고 합성 섬유는 개발된 이후 활용 범위가 점점 넓어졌고 패션업뿐 아니라 일상생활까지 바꿔버렸습니다.

합성 섬유가 등장하기 전까지 사람들은 어떤 옷을 입었을까요? 먼 옛날에는 면, 울, 마, 비단 등 천연 섬유로 옷을 지어 입었습니다. 면은 목화라는 식물의 씨앗에서 얻어낸 솜에서 추출한 실입니다. 부드럽고 수분을 흡수하는 능력이 뛰어난 것이 특징이죠. 양의 털로 만들어지는 울은 보온성이 뛰어나고 부드러워 겨울용 옷감으로 제격입니다. 마는 식물의 줄기나 잎에서 추출한 천연 섬유인데 가볍고 통기성이 좋아 여름용 옷감으로 인기가 높습니다. 누에고치에서 얻은 견사로 짠 비단은 고급 소재예요. 비단은 광택이 있고 구김이 잘 가지 않았으며 옷감도 아름답고 우아한 분위기를 냅니다.

천연 섬유도 단점은 있습니다. 면은 세탁하면 물에 젖어 무거워지고 마르기까지 오랜 시간이 걸립니다. 주름이 잘 생기는 것도 문제지요. 울은 잘못 세탁하면 줄어들거나 뻣뻣해집니다. 마는 쉽게 구겨졌고, 비단은 물에 약한 소재라 세탁하기 어렵습니다. 게다가 천연 섬유는 대량 생산하기도 어려워서 옛날에는 아주 비쌌어요. 이 때문

→ 청바지

데님은 면으로 만들어져 청바지나 청자켓을 제작할 때 사용되는 원단이다. 면으로 만들어지기 때문에 데님 소재의 옷을 세탁하면 줄어들 수 있다. 최근에는 청바지가 줄어들지 않도록 방축 가공을 한다. 방축 가공이란 세탁할 때 데님 원단이 줄어들지 않도록 기계로 미리 수축시켜 사이즈를 고정하는 방법이다. 방축 가공이 되지 않은 청바지는 세탁하면 할수록 줄어드는데, 처음 세탁할 때는 전체적으로 약 10퍼센트 줄어든다고 한다. 이후 세탁을 거듭할수록 늘어났다가 줄어들길 반복하며 사용자의 몸에 맞게 변한다.

에 과거에는 옷을 귀한 것으로 여겼고 한 벌을 사면 오래도록 아껴 입어야 했습니다. 천연 섬유 옷을 입은 어린이가 땅바닥에 무릎을 꿇고 팽이 돌리기나 구슬치기하며 노는 모습은 상상할 수 없는 일이 었지요. 자칫하면 얼룩이 지거나 옷감이 해지기 때문이었습니다.

-------- 패션의 대중화를 이끈 합성 섬유 --------

합성 섬유가 등장했을 때 사람들은 흙투성이가 된 무릎도, 음식을 흘려 더러워진 셔츠의 앞섶도 세탁 한 번에 말끔해지는 편리함에 놀 랐습니다. 게다가 합성 섬유로 만든 옷은 천연 섬유로 만든 옷에 비 해 때가 덜 탔어요. 옷은 더 이상 조심스레 다뤄야 할 물건이 아니게 된 것입니다. 게다가 세탁기에 넣어 간단히 세탁하고 털어 말린 뒤 입을 수 있어 여성의 노동 시간도 줄여 주었습니다. 합성 섬유는 단 순한 기술 발달을 넘어 삶의 방식까지 바꾼 셈입니다.

　합성 섬유의 역사를 활짝 연 제품은 1935년에 개발된 나일론입니 다. 제1차 세계대전 중 산업용 낙하산이나 칫솔모에 쓰이던 나일론 은 전쟁이 끝난 뒤 스타킹 등 의류용 소재로 사용되며 패션 역사의 물줄기를 바꾸었습니다.

　1950년대 들어서면서 '폴리에스터Polyester'가 등장했습니다. 폴리에 스터는 가볍고 내구성이 강하지요. 주름이 잘 가지 않아 다림질의 수고를 줄여 준 대표적 합성 섬유입니다. 다크론으로 인기를 끌기 시작한 폴리에스터는 1970년대에 접어들면서 섬유 자체의 인조 광택으로 인해 싼 수트라는 인식이 생기자 기피되었어요. 1990년대 들어서는 스포츠 웨어와 아웃도어 시장에서 주목을 받게 됩니다. 현재는 등산복이나 러닝셔츠, 운동복 소재로 널리 사용되고 있습니다.

1960년대에는 신축성 있는 합성 섬유 '스판덱스Spandex'가 등장했습니다. '라이크라Lycra', '크레오라Creora'라는 이름으로 유통된 스판덱스는 다른 섬유에 비해 얇고 부드러운 데다 약 8배나 늘어날 수 있는 놀라운 탄성력을 갖고 있었습니다. 스판덱스가 개발되기 이전에 코르셋 등의 여성 보정 속옷들은 숨을 참고 끈을 졸라매야 할 정도로 착용하기 어려웠어요. 착용해도 쉽게 숨 쉬기 어려울 정도로 불편했습니다. 반면 스판덱스 속옷은 움직임에 따라 늘어났고, 옷을 벗으면 다시 원래 모습으로 되돌아가는 특성상 착용감이 좋았습니다. 스판덱스는 속옷에 이어 수영복, 요가복, 청바지에 이르기까지 다양한 분야에서 쓰이면서 옷의 실루엣을 새롭게 바꾸었습니다. 특히 여성 패션에서는 몸에 꼭 맞는 옷을 제작할 수 있게 되면서 여러 스타일이 탄생하게 되었고, 기능적인 부분도 크게 좋아졌어요.

비슷한 시기에 등장한 '아크릴Acrylic' 섬유는 부드럽고 가벼우면서도 따뜻한 느낌을 주는 특성 덕분에 울의 대체재로 떠올랐습니다. 진짜 양모처럼 따뜻하고 포근하면서도 훨씬 저렴하고 세탁이 쉬웠지요. 아크릴은 스웨터, 장갑 등 겨울철 의류에 널리 사용되었습니다.

→ 땀을 잘 흡수하고 튼튼해야 하는 운동복은 대부분 플라스틱 소재로 만들어진다. 과격한 운동일수록 경기에 참여하는 선수들에게서 수많은 플라스틱을 볼 수 있다. 팽팽한 유니폼부터 머리를 보호하는 단단한 헬멧까지 다양하다. 심지어 발을 지탱하는 신발 밑창과 인조 잔디 경기장 자체도 거대한 플라스틱이다. 다만 선수들이 사용하는 헬멧 등 플라스틱은 모두 고성능 플라스틱으로 제작된다. 최근 NFL은 환경 보호를 위해 폐플라스틱 병을 재활용한 리사이클 폴리에스테르로 유니폼을 제작하는 비중을 높이고 있다.

세탁이 까다로운 천연 울과 달리 아크릴로 제작한 털모자와 털장갑은 눈이나 비에 젖어도 세탁해 말리면 다시 부드럽고 포근한 원래의 상태로 되돌아갔습니다. 천연 울이 비싸고 관리가 어려웠던 시절, 아크릴은 따뜻함과 실용성을 동시에 잡은 '대중을 위한 겨울 옷 소재'로 자리를 잡았습니다.

인류가 개발한 다양한 합성 섬유는 옷의 디자인, 기능, 가격, 생산량 전부를 바꿔놓았습니다. 몸에 딱 붙는 스판덱스, 광택이 넘치는 폴리에스터, 가죽을 모방한 인공 피혁 등이 탄생하자 의류 디자이너들의 상상력은 크게 확장되었고, 그 상상력이 현재의 우리가 입는 옷으로 만들어진 것입니다.

········· 쉽게 사고 쉽게 버린다 ·········

소재의 가격이 낮아지면서 옷값이 내려가자 사람들은 계절이나 기분에 따라 새 옷을 쉽게 살 수 있게 되었습니다. 대형 SPA 브랜드들은 값싼 합성 섬유로 옷을 대량 생산했지요. 연예인이나 유명 유튜버가 매체에 입고 나온 옷을 바로 사 입을 수 있는 것도 값싼 합성 섬유 덕분입니다.

과거에는 옷 한 벌을 소중하게 여겨 오래 입는 것을 미덕으로 여겼습니다. 지금은 대중 모두가 마음대로 옷을 입거나 버릴 수 있는 패

기획부터 생산, 유통까지 한 회사가 직접 맡아서 판매하는 의류 브랜드를 뜻한다. SPA 시스템은 1986년 미국의 의류 브랜드 GAP이 도입한 것으로, '전문점Specialty retailer', '유통업자 상표Private label', '의류Apparel'의 첫 글자를 조합한 명칭이라고 한다. 정작 영미권에서는 통용되지 않는 약어로, 영미권에서는 '패스트 패션'이란 말이 더 대중화되어 있다. SPA의 단점은 빠르게 옷을 소비하는 문화 때문에 환경을 파괴한다는 점이다.

션의 민주화 시대가 열렸지요. 청바지, 티셔츠, 운동복, 정장, 속옷 등 오늘날 우리가 입는 옷 대부분에 들어 있는 합성 섬유는 단순한 소재가 아니라 패션을 대중의 일상으로 스며들게 한 주역인 셈입니다.

명품 브랜드들도 합성 섬유를 기꺼이 받아들였습니다. 샤넬은 1950년대 이후 기존의 무거운 울 대신 폴리에스터를 섞은 혼합 트위드 원단으로 재킷을 만들었어요. 이 옷은 훗날 여성들이 더 가볍고 실용적인 옷을 입을 수 있게 만든 신호탄이 되었습니다.

이제는 플라스틱이 쓰이지 않은 옷을 찾기 어렵습니다. 2023년 기준, 전 세계 섬유 생산량의 60퍼센트가 합성 섬유예요. 이 많은 플라스틱이 옷으로 생산된 이후엔 어떻게 처리되고 있을까요? 옷이 다양해지고 모든 사람이 원하는 옷을 입을 수 있을 정도로 대중화됐지만, 그 다양성과 편리함 뒤에는 환경 오염이라는 부작용이 있었습니다. 합성 섬유는 분명 기적의 실이었지만 동시에 우리가 오늘날 마주하고 있는 미세 섬유로 인한 환경 문제의 씨앗이기도 합니다. 플라스틱 섬유가 지구에 어떤 영향을 미치고 있는지 이제 살펴봅시다.

세탁기를 돌리면
왜 몸이 망가질까

미세 섬유는 길이가 5밀리미터 이하, 굵기가 머리카락보다 가는 섬유 조각입니다. 폴리에스터, 나일론, 아크릴 등의 합성 섬유와 면, 울등의 천연 섬유 모두 어딘가 닿아 비벼지면 작은 조각이 떨어져 나오는데, 이것이 바로 미세 섬유죠. 천연 섬유는 목화 등의 식물, 양털, 누에고치 같은 자연물에서 만들어진 섬유입니다. 자연에 버려져도 박테리아나 곰팡이 등 미생물에 의해 분해되는 성질인 '생분해성'으로 인해 다시 자연의 품으로 돌아가지요.

합성 섬유는 고분자 사슬 구조를 가진 플라스틱으로 만들어지기 때문에 자연의 미생물이 분해하지 못합니다. 고분자 사슬 구조란 단량체라는 분자가 사슬처럼 아주 길게 연결된 구조를 뜻합니다. 쉽게 말하면 작은 구슬 수천, 수만 개가 커다란 기차처럼 늘어진 상태지요. 이 기차의 칸이 서로 엉키고 설키면 합성 섬유가 됩니다. 이러한 합성 섬유는 화학적으로 너무 튼튼하게 만들어졌기 때문에 자연에 존재하는 미생물이 내뿜는 효소로는 끊어내기 매우 어려워요. 그래서 생태계에서 분해되지 않고 오랫동안 남아 있게 되는 거예요.

합성 섬유에서 나온 미세 섬유는 눈에 보이지 않을 만큼 작은 미세 플라스틱이기에 결국 강과 바다로 흘러듭니다. 우리가 숨 쉴 때 들이마시는 공기 속에도 이 작은 플라스틱 섬유가 섞여 있어요.

상점 조명 아래서 반짝이는 새 옷을 입어 보고, 부드러운 촉감에 어깨를 매만지며 거울을 바라 보던 기억이 있을 거예요. 그런데 기쁘게 산 옷에서 눈에 보이지 않을 만큼 작은 플라스틱 미세 섬유가 계속 뿜어져 나와 우리 건강과 환경에 영향을 미치고 있다는 사실을 알아채기란 쉽지 않았을 것입니다. 멀쩡한 옷에서 언제 어떻게 플라스틱 미세 섬유 조각이 발생하는 것일까요?

---------- 깨끗해진 내 옷과 병들어가는 바다 ----------

미세 섬유는 세탁기와 건조기에서 가장 많이 발생합니다. 회전하는 통 속에서 옷감이 부딪히며 눈에 보이지 않는 미세 섬유 가루를 만들어 내지요. 때를 지워 옷을 깔끔하게 만드는 세탁기가 사실은 지구를 오염시키고 있던 셈입니다. 세탁실 바닥 배수구로 흘러가는 물줄기를 상상해 보세요. 깨끗해진 셔츠가 지구를 더럽히는 모순적인 상황 아닌가요.

세탁 외에도 마찰, 햇빛, 비, 바람에 의한 풍화 작용 때문에 미세 섬유가 생기기도 합니다. 세계자연보전연맹IUCN에 따르면 일 년간 해양으로 유입되는 미세 플라스틱이 100만 톤이나 되고, 이 가운데 약 35퍼센트가 세탁물에서 나온 미세 섬유라고 합니다.

미세 섬유는 합성 단계부터 옷이 만들어지고 폐기될 때까지 모든 과정에서 발생하고, 특히 세탁할 때 많이 발생합니다. 세탁 한 번에 수십만 개의 플라스틱 조각이 발생하지요. 6킬로그램 정도의 옷을 세탁기로 세탁했을 때 약 70만 개의 미세 섬유가 발생한다는 연구 결과도 있습니다.

세탁기의 경우 물 또는 통이 회전하면서 섬유에 힘을 가하기 때문에 손빨래에 비해 섬유 조각이 더 잘 떨어져 나옵니다. 2023년에 진행된 MIT와 중국 항저우 전자과학기술대학교의 연구에 따르면 세탁기에서 나온 미세 섬유는 손빨래를 했을 때보다 약 6배에서 8배 더 많이 나온다고 합니다. 세탁기에서 나온 미세 섬유는 얇은 실 형태라 필터에서 걸러지지 않고 바로 공기 중으로 배출되지요.

젖은 세탁물을 건조하는 건조기에서도 미세 섬유가 발생합니다. 홍콩시립대학교와 캐나다 서스캐처원대학교 연구에 따르면 가정용 건조기를 기준으로 건조기에서 나오는 극세사 보풀이 세탁기보다

→ 인도에는 도비라고 불리는 빨래꾼들이 모여 대규모로 세탁하는 도비 가트라는 장소가 있다. 특히 수도 뉴델리에 있는 야무나 강은 도비 가트 때문에 세제와 오물로 몸살을 앓고 있다.

최대 40배 정도 공기 중으로 배출됐다고 합니다. 공기 중으로 배출되는 미세 섬유는 필터로 거르기가 어렵기 때문에 호흡기로 체내에 유입될 수 있죠. 건조기 앞에서 따뜻한 공기를 들이마실 동안 보송한 냄새 뒤에 숨은 작은 섬유 조각도 코와 폐로 들어오고 있던 셈입니다.

이렇게 발생한 미세 섬유는 자연에 계속 남아 있습니다. 캐나다 토론토대학교 연구진들은 미세 섬유의 발자취를 추적했어요. 놀랍게도 토론토 남부의 거대 호수인 오대호, 심지어 북극 퇴적물에서도 청바지의 미세 섬유를 발견해 냈습니다. 토론토에서 누군가가 입던 청바지의 섬유가 북극의 얼음까지 흘러든 것이지요. 자연에서 완벽하게 분해되지 않는 플라스틱 성분인 만큼 흐르는 물을 따라 지구 곳곳을 돌며 계속 축적되고 있던 셈입니다.

플라스틱 섬유가 본격 사용된 1950년부터 약 75년이 지난 지금까지 얼마나 많은 미세 섬유가 지구 곳곳에 쌓였을까요? 상상해 보면 그동안 열심히 세탁기로 빨래했던 행동을 뉘우치게 됩니다. 더구나 그동안 유행이 지났다는 이유로 옷을 버렸던 행동이 강이나 바다 심지어 북극의 얼음까지 지구 곳곳에 발자국을 남겼을지도 모른다고 생각하면 마음이 무거워집니다.

·········· 내 몸을 파고드는 미세 섬유 ··········

세탁실에서 옷을 털 때 흩날리는 먼지 속에도, 건조기 문을 열 때 나오는 따뜻한 바람 속에도 미세한 합성 섬유 조각들이 들어 있습니다. 이렇게 우리의 옷에서 생긴 미세 섬유는 공기로 퍼져 나가 결국 다시 우리 몸속으로 들어옵니다.

미세 섬유를 들이마셨을 때 우리 몸에서는 어떤 일이 벌어질까요? 숨을 들이쉬는 과정에서 섞이는 미세 섬유는 폐로 들어가 폐 세포를 망가뜨립니다. 경희대학교 의과대학 박은정 교수 연구팀은 쥐를 대상으로 미세 섬유가 어떻게 건강을 위협하는지 실험했어요. 쥐가 사는 공간에 폴리에틸렌과 실크 미세 섬유를 섞어 놓고 4주 동안 숨쉬게 했지요. 실험 결과, 쥐의 폐에서는 염증 세포가 늘어나는 등 변화가 생겼습니다. 이 결과는 사람의 폐에 들어온 합성 섬유가 몸 안에서 면역 기능을 흔들어 놓을 수 있다는 뜻이기도 합니다.

폐에 들어간 미세 섬유는 기침을 해도 쉽게 빠져나가지 않습니다. 합성 섬유는 마찰에 강하기 때문에 입거나 비비거나 다림질해도 잘 해지지 않아요. 이렇게 일상에서 잘 닳지 않는 합성 섬유의 장점은 건강을 해치는 단점이 되기도 합니다. 폐에 들어간 미세 섬유는 폐 속 기관지 끝에 달린 포도송이 모양의 미세한 공기 주머니인 '폐포'에 달라붙어요. 폐포는 산소와 이산화탄소가 혈액과 교환되는 중요한 장소지요. 그런데 폐포에 날카로운 미세 섬유가 달라붙는다면 어떻게 될까요? 미세 섬유가 붙은 폐포에는 염증이 생기고, 심해지면 폐포가 굳는 '섬유화 현상'이 일어납니다. 결국 호흡 곤란, 기침, 가래 등의 증상이 발생하고, 심하면 폐가 망가지거나 폐암이 발생할 수 있어요.

즉, 집안, 사무실 등 실내에 옷이나 다른 것들에서 떨어진 미세 섬유가 많이 떠돌기 때문에 실내의 공기를 관리해야 한다는 것입니다. 그렇다면 일상생활에서 공기 질은 어떻게 관리하면 좋을까요? 가장 좋은 방법은 창문을 여는 것입니다. 환기를 해서 실내에 고인 공기를 바깥으로 빼내 바깥의 상쾌한 공기와 바꾸는 것이지요. 가정에서는 건조기와 세탁물을 개는 공간 주변을 물걸레로 닦아 미세 섬유가 떠다니기 전에 최대한 조치를 취해야 합니다.

미세 섬유로 폐질환을 앓을 수 있다는 연구가 발표되면서 미세 섬유의 발생지인 세탁기에 필터를 설치하자는 의견이 제기됐습니다. 프랑스가 가장 발 빠르게 움직이고 있지요. 프랑스에서는 2025년 1월부터 새롭게 출시되는 모든 신형 세탁기에 반드시 미세 섬유를 거르는 필터를 설치해야 합니다. 우리나라는 아직 필수가 아니지만, 가까운 미래에는 가정용 세탁기에 미세 섬유를 거르는 필터가 의무적으로 부착되기를 희망해 봅니다. 세탁기에 장착하는 미세 섬유 필터가 활발하게 연구되고 있으니까요. 이외에도 미세 섬유 배출을 줄이기 위한 세탁망과 세제도 개발 중입니다.

미세 섬유를 거르는 필터나 세탁망 등의 부속품이 하루빨리 개발되어 세탁기에 부착돼야 근본적으로 미세 섬유를 줄일 수 있습니다. 그러나 세탁기 부속품을 개발하기 전에 옷을 많이 사고 쉽게 버리는 과잉 소비를 되돌아봐야 하지 않을까요? 두 가지 노력이 함께할 때 실질적인 변화가 일어날 것입니다.

패스트 패션은
누구를 위한 문화일까

안타깝게도 사람들은 해를 거듭할수록 옷을 더 많이 사고 있습니다. 여러분들은 일 년에 옷을 몇 벌 정도 구매하나요? 그리고 옷 하나를 몇 년 정도 입나요? 개인마다 옷을 구매하는 양과 주기는 천차만별이라 통계를 내긴 어렵습니다. 그러나 옷의 '폐기량'을 본다면 사람들이 옷을 얼마나 사는지 가늠할 수 있어요. 즉, 얼마나 옷을 버렸는지를 따져보면 옷을 구매한 양도 알 수 있게 됩니다.

한국의 환경부는 매년 옷이 얼마나 버려지는지 조사합니다. 2019년 기준으로 약 5만 9000톤 정도의 옷이 버려졌는데 2023년에는 약 11만 900톤으로 2배 가까이 늘었습니다. 이 수치는 생활폐기물로 버린 옷만 따진 것입니다. 산업폐기물까지 합하면 그 양은 더욱 많을 거예요. 생활폐기물은 가정에서 버린 옷, 산업폐기물은 의류 공장 등에서 버린 원단 같은 부자재들을 포함한 옷을 뜻합니다.

-------- 유행이 만들어 낸 패스트 패션 --------

왜 버려지는 옷은 이렇게나 많을까요? 바로 '패스트 패션Fast Fashion' 때문입니다. 유행하는 옷을 저렴한 가격으로 빠르게 많이 만들어 판매하는 의류 산업이나 방식을 패스트 패션이라 불러요. 이는 유행하는 옷을 빠르게 입길 원하는 소비자의 요구를 충족시키기 위해 짧은 시간 안에 기획, 생산, 유통, 판매까지 완료합니다. 이를 한국에서는 SPA라고 부른다는 것을 앞서 언급했지요.

패스트 패션은 값이 싸다 보니 당연히 품질은 떨어집니다. 원가를 적게 들여야 이익을 많이 남길 수 있으니까요. 이런 상황에서 패스트 패션 업체들은 재빠르게 다른 신제품을 출시해요. 옷의 질이 좋진 않아도 싸니 소비자들은 옷이 출시되자마자 새 옷을 사 입게 됩니다. 그러다 보면 단기간에 옷을 사 입고 버리는 소비 패턴이 습관으로 굳게 됩니다.

대표적인 패스트 패션 업체로 Zara, H&M, UNIQLO 등이 있습니다. Zara는 스페인에서 첫 매장을 열었는데 초기에는 명품이나 고급 브랜드 제품을 참고해 만든 저렴한 옷을 판매했습니다. 그러다가 자체 생산부터 물류, 판매를 함께 책임지는 SPA 구조를 확립하면서 세계적인 브랜드로 성장했지요. 보통 제조와 유통까지 수개월 걸리던 일을 단 2주 만에 해결한 덕분에 유행에 맞춰 재빨리 옷을 팔아 인기를 얻게 되었습니다. 이 때문에 Zara를 두고 '옷을 파는 게 아니라 속도를 판다'라는 우스갯소리도 나왔습니다. 그 정도로 SPA 브랜드들은 쉽게 사서 입고 버리는 소비에 부채질했습니다.

·········· 빠른 유통이 만드는 온실가스 ··········

오늘날 옷을 만드는 데 사용되는 섬유 가운데 약 70퍼센트가 합성 섬유입니다. 합성 섬유 중 78퍼센트가 폴리에스테르지요. 폴리에스테르는 질기면서도 가격이 싸지만, 석유를 사용해서 제작하기 때문에 '온실가스'가 많이 배출된다고 합니다. 그렇기에 의류 대부분은 생산 및 유통, 폐기 과정에서 온실가스를 많이 배출하게 되지요.

해외 공장에서 만든 옷은 전 세계로 운송되는데, 이 과정에서 항공기나 선박 혹은 트럭을 이용하기에 온실가스가 발생합니다. 특히 동남아시아에서 주로 생산되는 SPA 브랜드 옷들은 짧은 주기로 많은 옷이 이동하기 때문에 탄소발자국을 더욱 키우게 돼요. UN의 조사 결과에 따르면 생산, 유통, 폐기에 이르는 패션 산업의 모든 과정에서 생긴 온실가스가 전 세계 탄소 배출량의 약 10퍼센트를 차

지한다고 합니다. 세계 의류 산업에서 배출되는 온실가스의 양은 2030년이 되면 12억 4300만 톤에 달할 전망입니다. 우리나라 2022년 온실가스 배출량인 7억 2430만 톤과 비교하면 1.7배에 달하는 양입니다.

많은 옷이 버려지지만 재활용되는 비율은 10퍼센트도 안 됩니다. 폴리에스테르나 나일론 등의 합성 섬유가 사용된 옷은 버려지면 자연에서 분해되지 않기 때문에 환경을 오염시켜요. 재활용이 되지 않는다면 자연에 쓰레기로 오래 남아있거나 결국 소각해야 하는데, 석유로 만들어졌기 때문에 온실가스가 배출되니까 또 문제가 됩니다.

패스트 패션은 윤리적인 비판도 받고 있습니다. 앞서 언급한 것처럼 패스트 패션의 선두 주자인 SPA 브랜드들은 동남아시아에서 제품을 생산합니다. SPA 브랜드의 바지나 원피스 라벨을 보면 중국이나 캄보디아 등에서 제작이 되었다는 것을 볼 수 있는데요. 옷만 봐서는 생산부터 유통까지의 과정을 전혀 알 수 없습니다.

SPA 브랜드를 포함한 전 세계의 의류 공장은 베트남, 캄보디아 같은 동남아시아, 방글라데시 같은 남아시아에 모여 있어요. Nike, Levi's 같은 유명 브랜드들도 대부분 아시아에 있는 공장에서 옷을 생산합니다. 아시아 노동자의 임금이 매우 저렴한 데다 규제가 약하기 때문이죠. 특히 동남아시아, 남아시아 지역에는 의류 공장이 많다 보니 캄보디아의 경우 여성 노동 인구 5명 중 1명이 의류 생산업에 종사한다고 합니다. 의류 산업이 나라 경제를 지탱하고 있는 셈

한국에서 일 년 동안 버려지는 의류 폐기물은 약 11만 톤이 넘는다. 최근 이렇게 많은 의류 쓰레기를 재활용하기 위해 생산자책임재활용제도EPR를 적용해야 한다는 분석이 등장했다. 저개발국이나 개발도상국에 의류 폐기물 처리를 의존하는 현재의 방식은 지속 가능하지 않기 때문이다. EPR은 제품의 생산부터 폐기까지 전 과정에서 발생하는 환경 부담을 생산자가 책임지고 회수 및 재활용 의무를 직접 이행하도록 하는 제도다.

입니다.

선진국의 의류 생산을 동남아시아 나라들이 도맡고 있는 상황에 대해 '탄소 식민주의'라는 윤리적 비판이 제기되고 있습니다. 탄소 식민주의란 부유한 선진국들이 자국의 탄소 배출을 줄이기 위해 개발도상국의 자원을 이용하거나 탄소 배출권을 사들여 탄소 감축 실적을 채우는 행위입니다. 선진국들의 소비를 위해 개발도상국의 자연이 파괴되거나 노동 착취가 이루어지는 현실을 꼬집는 말이지요. 탄소 식민주의가 이어지게 되면 기후 문제를 해결하는 데 힘을 쓰지 못한 개발도상국이 선진국의 탄소 식민지가 될 수 있습니다.

이제까지 패션 산업이 환경에 미치는 부정적 영향을 살펴봤습니다. 그런데 근본적으로 이런 의문이 남습니다. '옷이 환경은 물론 내 몸에 해롭다고 해서 안 입고 살 수는 없지 않나요?' 네, 맞습니다. 옷은 일상의 필수품입니다. 안 입을 수 없죠. 그러나 옷으로 인한 환경 부담이 심각해진 만큼 옷을 소비하는 습관에 대해 우린 생각해 봐야 합니다. 옷은 이제 단지 개인의 취향이 아니라 윤리적 선택이 됐기 때문이에요. 완벽한 대안을 기대할 수는 없지만 환경과 건강에 덜 해로운 '더 나은 선택'은 가능할 것입니다.

패스트 패션이 성행하면서 옷을 덜 사고 한번 산 옷은 오래 입자는 '슬로우 패션'이 대안으로 제시되었습니다. 또한 폐의류 재활용을 늘리고, 재활용을 한 브랜드에겐 세금 혜택을 주는 방법도 대안이 될 수 있겠지요.

플라스틱 기술이 발전하면서 건강은 물론 환경이 파괴되는 사례를 살펴봤습니다. 그런데 안전한 줄 알고 사용한 화학 제품이 그 자체로 독성을 갖고 있다고 밝혀진 사례도 수없이 많아요. 이어지는 5장에서 대표적인 사례를 살펴보겠습니다.

5장

독성 물질이
일상을 덮친 순간

독과 함께 안전하게 사는
방법은 무엇일까

깨끗한 공기를 약속한 가습기 살균제는 수천 명의 목숨을 앗아갔습니다. 맑고 순하다던 생리대 속에는 화학 물질이 숨어 있었지요. 숲에서 자는 것처럼 건강에 좋다던 침대엔 방사성 물질이 있고, 아기의 피부를 지키는 베이비파우더엔 석면이 들어 있었습니다. 이처럼 일상을 산다는 것은 화학 제품과 사는 것이라고 볼 수 있어요.

우리는 매일 수십 가지 화학 제품과 함께 삽니다. 매일 새로 나오는 화학 물질의 수만 해도 1만 5000개에 달하죠. 안전할 것이라고 믿고 사용하지만 정말 그럴까요? 화학 제품과 관련된 사건이 터질 때마다 우려와 불안이 커집니다. 심지어 화학 물질 공포증인 캐미포비아Chemophobia라는 단어까지 생길 정도예요. 이젠 막연한 경계심이나 불안감을 가질 것이 아니라 화학 물질을 어떻게 현명하게 사용하며 건강도 지킬 것인지 질문해 볼 필요가 있습니다.

········· 성질을 알면 길이 보인다 ·········

화학 물질을 현명하게 사용하면서 건강을 지킬 방법은 무엇일까요? 방법을 찾기 전에 먼저 '유해성'과 '위해성'을 알아야 합니다. 유해성은 화학 물질이 가진 '독의 성질'입니다. 위해성은 그 독이 우리 몸에 미치는 '실제 피해 가능성'입니다. 독이 아무리 강해도 거의 안 닿으면 위험하지 않지만, 독이 약해도 오래 닿으면 위험합니다. 가습기 살균제 사건은 '독성 자체가 매우 컸던' 경우였습니다. 생리대 유해 물질 사건은 '얼마나 오래 닿았는가'를 따져야 하는 경우였고요.

결국 질문은 하나로 모입니다. 우리는 독을 품은 화학 물질과 어떻게 공존해야 할까요? 공존할 방법을 알기 위해서는 문제와 현상을 먼저 들여다 보아야 합니다. 막연한 경계심을 갖기 전에 알고 쓰면 약이고 모르고 쓰면 독인 우리 생활에서 주로 쓰이는 독성 물질이 한국 사회에서 일으킨 대표적인 사건 4가지를 살펴보겠습니다.

찬바람이 옷깃을 파고드는 어느 초겨울, 아이는 코의 점막이 건조해졌는지 근래 자주 코피를 흘렸습니다. 집이 건조한 탓인 듯해 습도를 올리려고 가습기를 틀었어요. 안개처럼 뿜어져 나오는 하얀 증기를 보고 있으니 실내의 공기가 촉촉해지는 듯했습니다.

가습기 기계를 돌리면 매일 씻어야 했어요. 하루만 미뤄도 물통에 분홍색 물때가 껴서 세균이 번식할 수도 있기 때문입니다. 그러던 어느 날 신문 기사에 '가습기 살균제'라는 제품이 개발됐다는 광고를 봤습니다. 가습기 내부 물에 가습기 살균제를 작은 컵 한 개 분량만 넣어주면 물때는 물론 세균이 번식하지 않는다는 광고였죠. 매일 씻길 필요가 없으니 편리할 것 같았습니다. 유명한 회사 제품인 데다 제품 표면에 안전하다는 문구가 크게 쓰여 있어 안심할 수 있었지요. 실내에서 간편하게 소독된 공기를 마실 수 있다니 놀라웠습니다. 살균된 가습기를 아이의 침대 옆으로 옮겨 잠든 아이의 얼굴 쪽으로 가습기의 증기 배출구를 두었어요. 아이 얼굴 위로 하얗게 퍼지는 증기를 바라보며 아이가 깨끗한 공기를 마시고 건강하게 자랐으면 좋겠다고 기도했습니다.

가습기를 설치하고서도 기침을 자주 하던 아이는 겨울이니 감기에 걸린 줄로만 알았습니다. 숨을 가쁘게 몰아쉴 때도 체력이 약해져서 그런 것이겠거니 생각했어요. 병원에 가도 뚜렷한 원인을 찾을 수 없었고요. 아이의 폐를 다치게 한 주범이 아이 얼굴 바로 옆에 놓아두었던 가습기 속 살균제였지만, 누구도 감히 예상할 수 없었어요. 등잔 밑이 어둡다는 말이 있지요. 소독된 깨끗한 공기를 마시고 있다는 생각은 착각이었습니다. 아이가 들이마신 건 독이 든 공기였어요. 그리고 아이에게 독을 건넨 장본인이 부모인 나 자신이라는 사실에 가슴이 무너져 내렸습니다. 우리 가족은 아이를 잃은 슬픔에서 아직도 헤어 나오지 못했습니다. 가습기 살균제를 쓰기 전, 단란하고 행복했던 그때로 돌아가고 싶어도 시계를 되돌릴 수는 없겠죠.

→ 가습기

기계 내부에 물을 채운 뒤 물을 분무하거나 증발시켜 수증기를 만들어 실내의 습도를 높이는 기계다. 주로 공기가 건조해 호흡기 질환에 걸리기 쉬운 겨울철에 실내에서 많이 사용한다.

독이 된 공기

가습기는 물을 뿌리거나 증발시켜 만든 수증기로 실내의 습도를 높이는 기계입니다. 건조한 실내는 감기 같은 호흡기 질환의 원인이 되기 때문에 가습기는 겨울철 실내 공기의 질을 높이는 필수품이죠.

가습기를 켜면 하얀 김이 솟아오릅니다. 마치 목욕탕 위로 수증기가 올라오는 것처럼 말이죠. 증기를 내뿜는 가습기의 종류는 다양합니다. 종류는 대표적으로 '가열식'과 '초음파식'이 있어요. 가열식은 전기로 물을 끓여 수증기를 내보내는 방식, 초음파식은 초음파로 물을 분당 수십만 번 흔들어 잘게 쪼갠 물방울을 뿜어내는 방식입니다.

가습기 속 물은 세균들에게 천국이나 다름없습니다. 고여 있는 물에 온기가 더해진 환경은 세균이 번식하기 딱 좋은 환경이죠. 하얀색 물통 바닥에 스민 분홍빛 얼룩은 단순한 얼룩이 아닙니다. 그 얼룩은 바로 '메틸로박테리움Methylobacterium'이라는 세균이 만든 흔적이지요. 하얀색 물때는 수돗물 속 미네랄이 굳은 흔적입니다. 우리 눈에는 때로 보이지만 현미경으로 분홍빛 얼룩을 확대해 보면 세균이 엉겨 붙어 있어요. 가습기 물통을 매일 씻고 말리기란 생각보다 귀찮은 일입니다. 그렇지만 귀찮다고 하루 미루게 되면 분홍빛 물때가 끼고 세균이 번식하기 시작해요.

이러한 문제를 해결하겠다는 어느 회사에서 가습기 살균제를 출

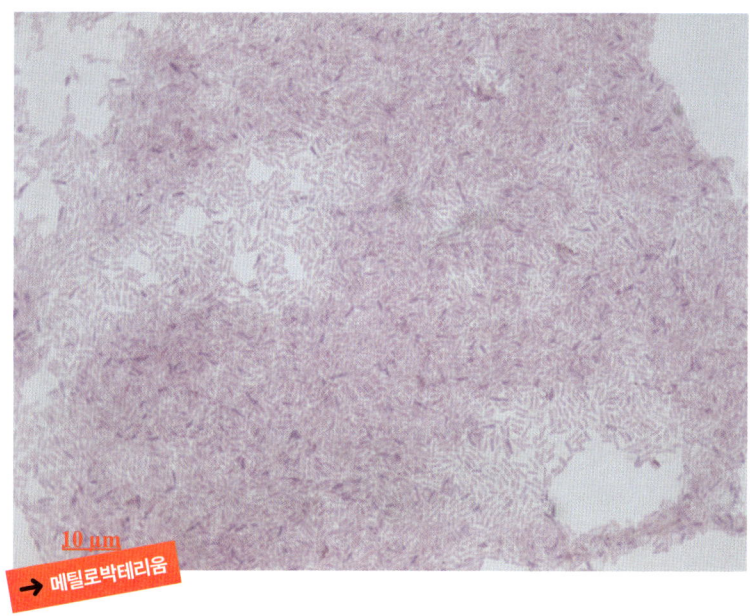

10 μm

→ 메틸로박테리움

메틸로박테리움은 공기 중에 떠다니다 세면대 배수구 부근 등에 붙어 증식한다. 이 미생물들은 인체에 직접적인 해를 가하지 않는다.

시했습니다. 한 컵 분량의 액체를 물통에 붓는 것만으로도 세균 번식을 막을 수 있다고 했죠. 첫 제품은 1994년에 등장했고, 이후 17년 동안 수많은 제품이 쏟아졌어요. 가습기 살균제는 출시되자마자 연간 60만 개 이상 팔렸고, 시장 규모는 약 20억 원에 달했습니다. 사람들은 부엌 찬장이나 자녀의 방에 놓인 가습기에 가습기 살균제를 넣었지요. 깨끗한 공기를 마신다고 믿었던 소비자들은 뿜어져 나오는 수증기 속에 독이 섞여 있음을 전혀 알지 못했습니다. 어느새 그들 중 일부는 '가습기 살균제 참사'라는 비극의 희생자가 되었지요.

희생자들은 인체에 안전하다는 광고 문구를 믿고 하얀 안개 속에서 숨을 고르며 안심했습니다. 폐가 망가진 이후로는 숨 쉬는 모든 순간이 고통스럽게 변했지요. 한 아이는 평생 몸만큼 커다란 산소통을 끌고 다니게 되었습니다. 호흡기 없이는 집 밖으로 나갈 수도 없어요. 다른 아이는 뇌 발달이 멈춰 장애를 얻었습니다. 가습기 살균제 때문에 4555명이 후유증에 시달리게 되었고, 1370명이 사망하면서 총 5925명에 이르는 피해자가 발생했어요. 파악되지 않은 피해자를 합치면 그 숫자는 수십만 명에 달할 것으로 예상됩니다.

가습기 살균제 사건은 단순히 특정 제품이 일으킨 문제가 아닙니다. 화학 물질을 가볍게 여기고, 관리를 허술하게 한 우리 사회의 이면이 드러난 환경 보건 참사입니다. 사건 초기에 원인을 알 수 없는 폐질환을 앓기 시작한 사람들이 문제의 심각성을 깨달았을 때는 너무 늦었지요. 이 참사는 사람들에게 일상 속 화학 물질이 더 이상 당연히 안전하지 않다는 사실을 일깨워 주었습니다. 일상 속 화학 물질에 대한 안전 규제를 더 세심하게 관리하게 되는 계기가 되었어요.

--------- 참사 이후에 마련된 규제 ---------

가습기 살균제 참사는 어디서부터 어떻게 시작된 것일까요? 바로 '폴리헥사메틸렌구아니딘 인산염Polyhexamethylene guanidine phosphate, PHMG-P'

이라는 이름의 화학 물질에서부터 시작되었습니다. 이 물질은 러시아에서 카펫을 씻어내는 공업용 세정 살균제로 개발됐습니다. 그런데 우리나라에 수입되면서 세정제가 아닌 첨가제로 허가를 받았어요. 처음엔 조용했지만, 그 위험은 한여름 마른 잔디밭에 떨어진 불씨처럼 조건만 맞으면 걷잡을 수 없게 번질 수 있는 위험이었습니다.

PHMG-P와 함께 몸에 좋지 못한 다른 화학 물질들도 가습기 살균제 속에 있었습니다. 피부에 닿을 때 독성은 다른 살균제에 비해 약 10분의 1 수준이어서 샴푸나 물티슈처럼 '물로 씻어내는' 제품에 이미 쓰이던 성분들이었습니다. 문제는 이 성분을 들이마셨을 때 폐에서 어떤 일이 벌어지는지는 아무도 연구하지 않았다는 것이지요. 그런데도 제조사들은 이 성분들을 물에 타서 가습기에 넣는 제품을 만들었고, '인체에 안전하다'라거나 '흡입 시에도 안전하다'라는 문구를 광고에 큼지막하게 새겨 넣었습니다.

가습기 살균제의 문제는 1995년에 처음으로 수면 위로 드러났습니다. 당시 최초 사망자가 발생했고, 2006년에 신종 간질성 폐질환이 등장했으며, 2011년에 접어들면서 피해자가 많이 발생하게 되었습니다. 질병의 원인을 찾기 위해 환자의 생활 습관이나 환경을 추적 조사하는 역학 조사가 시작되자 가습기 살균제가 용의선상에 올라갔지요. 가습기 살균제가 피해의 주요 원인으로 지목되자 수사가 시작되었고, 소송으로 이어졌습니다.

다행인 점은 가습기 살균제 성분을 흡입했을 때 인체에 어떤 독성

작용이 일어나는지에 대해 과학자들이 연구하기 시작했다는 것입니다. 이것을 '흡입 독성 시험'이라고 해요. 호흡기를 통해 흡입된 물질들이 체내에서 일으키는 독성 작용을 평가하는 시험 분야지요. 흡입 의약품, 생물 의약품, 농약, 화학 물질, 환경 유해 물질 등을 들이마시는 것으로 인해 발생 하는 독성을 확인하는 시험입니다. 독성뿐만 아니라 질환 치료를 위한 치료제의 약효 평가도 함께 수행한다는 것이 특징이에요.

과학자들은 폐에 독성 입자가 들어가는 과정부터 관찰했습니다. 보통 폐에 독성 입자가 들어가면, 폐는 독성을 제거하기 위해 염증을 일으킵니다. 동시에 염증을 치료하는 항염증 반응도 발생해요. 외부 물질을 중심으로 염증과 치료 과정이 반복되면서 폐는 건강한 상태를 유지하게 됩니다. 그런데 염증이 반복되고 만성화되면 폐는 염증을 치료하는 작업을 멈추게 돼요. 지친 폐는 상처를 '섬유(흉터)'로 메워 공기가 드나드는 표면을 굳혀버립니다. 이를 '폐섬유증'이라고 해요. 마치 펜을 자주 쥔 손가락에 굳은살이 생겨 다신 부드러워질 수 없는 것과 비슷한 일이지요.

즉, 가습기 살균제 속 화학 물질이 폐를 계속 망가뜨리자 폐는 항염증 반응을 포기하고 폐를 섬유로 메워버리게 된 것입니다. PHMG-P가 이러한 반응을 유발해 천식 같은 증상을 일으킨다는 연구 결과가 발표되었어요. 동시에 폐에서 염증을 유발해 폐섬유증을 일으키고 폐 기능을 저하시킨다는 결과도 나왔습니다.

가습기 살균제 참사 이후 생활 화학 제품에 대한 정부의 규제가 강화됐습니다. 제2의 가습기 살균제 참사를 막기 위해서입니다. 이제 생활 화학 제품은 반드시 정부의 사전 승인을 받아야 판매할 수 있어요. 방향제나 탈취제, 살충제, 살균제, 세정제처럼 공기 중에 뿌리는 제품은 흡입 독성 시험을 거치지 않으면 슈퍼마켓에 진열될 수 없게 되었지요. 제조사와 수입사는 안전하다는 말이 공염불이 되지 않도록 과학적 증거를 제출해야만 합니다.

무엇보다 이 참사는 소비자들의 눈을 바꾸었습니다. 예전에는 제품을 구매하기 전에 예쁜 디자인이나 향기를 먼저 고려했다면, 이제는 성분표를 살펴보는 손길이 늘었습니다. 생활 화학 제품이 안전하다는 공식이 깨진 거예요. 대신 안전성을 꼭 확인해야 한다는 상식이 생겼습니다. 여러분들도 제품을 구매하기 전에 꼭 성분표를 살펴보는 습관을 기르길 바랍니다.

매일 쓰는 생리대가
발암 물질인가요

여성은 한 달에 한 번 월경을 겪습니다. 매달 생리대를 써야 해요. 온라인으로 생리대를 사려고 검색하면 반짝이는 광고 옆에 '생리대 유해 물질 논란' 뉴스가 나란히 뜹니다. 유해 물질이 검출되었다는 뉴스에 소비자는 더 꼼꼼하게 제품을 살펴볼 수밖에 없지요.

대형 마트 진열대 앞에 서면 선택지는 더 많아집니다. 형형색색의 포장지 속에 든 다양한 생리대 제품이 진열대에 가득하지요. '순면 100퍼센트', '자연 유래' 같은 문구나 청정한 숲과 활짝 핀 꽃송이, 이슬을 배경으로 한 포장지가 눈길을 끕니다. 포장지를 뜯으면 부드러운 생리대가 들어 있습니다. 겉보기엔 새하얘서 깨끗해 보이고 피부에 직접 닿아도 안전할 것 같지요. 그러나 겉모습만으로는 알 수 없는 것이 있습니다.

------- 가장 사적인 곳으로 침투하는 유기 화합물 -------

생리대는 여성이 월경 기간에 내보내는 혈액을 흡수하는 위생용품입니다. 다양한 형태의 제품이 있지만, 일회용 생리대가 가장 흔하게 사용되지요. 생리대는 생리혈을 흡수하는 '흡수체'와 흡수된 생리혈이 새지 않도록 막는 '방수층'으로 이루어져 있습니다.

여기서 중요한 것은 생리대가 여성의 생식기에 직접 맞닿는 제품이라는 점입니다. 생리대 흡수체의 대부분이 화학 물질로 제작되다 보니 생리대의 유해성 논란은 끊이지 않습니다. 그렇다면 생리대는 무엇으로 어떻게 만들어지기에 '유해 물질' 논란의 중심에 서 있는 것일까요?

2017년 당시 어느 시민 단체가 국내에서 판매되는 생리대에 포함된 화학 물질은 무엇인지 확인하려고 연구소에 의뢰했습니다. 놀랍게도 분석해 보니 화학 분자인 '휘발성 유기 화합물VOCs'이 검출되었어요. VOCs는 공기 중으로 떠다니며 숨을 들이쉬거나 피부에 닿아 몸속에 스며듭니다. 아파트 벽에 새로 칠한 페인트의 냄새, 새 차 특유의 코를 찌르는 냄새가 '유기 화합물'이 풍기는 냄새죠. 유기 화합물은 탄소 원자가 기본 골격인 화합물입니다. 유기 화합물 중 일부는 신경계를 뒤흔들고 두통, 호흡 곤란을 일으키죠. 몇몇 성분은 발암 물질로 분류되기 때문에 관리가 필요한 물질입니다.

생리대에 화학 물질이 있다는 시민 단체의 발표는 큰 파장을 일으켰습니다. 필수 여성 용품에서 유해 물질이 검출되자 식약처는 국내에서 판매되는 모든 생리대를 조사했어요. 결과는 미묘했습니다. 상당수 제품에서 VOCs가 검출됐지만 인체에 해를 끼칠 만큼의 양은 아니라고 결론을 내린 것입니다.

그렇다면 이 화학 분자는 어디서 온 것일까요. 정부는 유입 경로까지 밝히지는 않았습니다. 다만 일회용 생리대에 사용된 접착제와 향료, 순면의 원재료인 목화를 재배하는 과정에서 들어간 유해 성분일 가능성 등 다양한 추측이 제기됐지요. 하지만 진실은 여전히 포장지 속에 숨어 있습니다.

········ 층층이 쌓인 합성 고분자 물질 ········

생리대는 다양한 화학 물질을 층층이 쌓아 제작합니다. 일회용 생리대는 표지층과 흡수층, 방수층 3개의 층으로 이루어져 있지요. 표지층은 피부와 닿는 안쪽 부분으로 생리혈을 생리대 내부로 통과시킵니다. 천연 섬유인 순면으로 구성된 제품도 있지만 가격이 비싸 주로 합성 섬유인 고분자 섬유 부직포, 폴리에틸렌 필름을 사용해요.

커버
* 합성 섬유
* 폴리에스테르
* 레이온

흡수층
* 고분자흡수체
* 화학 펄프
* 폴리아크릴산중합체

방수층
* 폴리에틸렌

→ 생리대 구조

생리혈을 빨아들이는 흡수층에는 목재에서 섬유질만 빼내 만든 천연 섬유인 '면상 펄프'가 사용됩니다. 하지만 생산 단가를 낮추기 위해 화학 섬유인 화학펄프, 흡수 솜, 고분자 흡수체Super Absorbent Polymer, SAP를 주로 써요. 고분자 흡수체란 제품 자체 무게의 약 1000배에 이르는 물을 흡수할 만큼 흡수력이 뛰어난 합성 고분자 물질입니다. 물을 흡수하면 백색 가루에서 투명하고 젤리처럼 말랑한 구슬 모양으로 바뀌는 것이 특징이죠. 마치 바짝 마른 땅에 비가 스며들어 흙이 불어나는 모습처럼요.

생리대의 가장 마지막 층인 방수층은 흡수된 생리혈이 밖으로 새지 않게 막는 기능이 있습니다. 합성 섬유이자 플라스틱인 폴리에틸렌이나 폴리프로필렌 등 플라스틱 필름이 흔하게 사용돼요.

생리대의 겉은 새하얗고 청결해 보이지만, 이 얇은 구조물은 소수의 천연 소재를 사용한 고가 제품을 제외하면 대부분 석유에서 추출한 플라스틱으로 만들어집니다. 하얀색의 이면엔 우리가 이미 앞에서 다루었던 플라스틱의 세계가 숨어 있어요.

-------- 성분표라는 안전장치 --------

일회용 생리대에서 VOCs가 기준치 이하로 검출됐다고 해서 안심해도 될까요? 짧게 쓰고 버리는 물건이라면 그럴 수도 있습니다. 하지만 생리대는 한번 쓰고 끝나지 않아요. 여성이라면 약 40년 동안 매달 약 5일 내내 몸에 붙인 채 지내야 합니다. 평생 약 1만 장이 넘는 생리대를 써야 해요. 컵에 물이 천천히 차오르듯, 아주 적은 양이라도 매달 일회용 생리대를 사용하면 결국 몸에 화학 물질이 축적될 수 있습니다.

게다가 생리대가 닿는 부위는 팔뚝처럼 두꺼운 피부가 아닙니다. 팔뚝이 비를 막아 주는 나무 벽이라면 외음부는 빗물에 금세 젖은 얇은 종이에 가깝지요. 연구에 따르면 여성의 외음부 바깥쪽 점막은 팔뚝 피부보다 화학 물질을 6배나 더 흡수할 수 있다고 합니다. 점막이란 마치 입 안처럼 부드럽고 항상 촉촉해 외부 물질이 스며들기 쉬운 조직이죠. 더욱이 외음부 안쪽의 소음순과 요도구, 질 입구 등의 피부는 점막 형태라서 외음부 바깥쪽보다 화학 물질을 더 많이 흡수해요.

문제는 정부가 발표한 '기준치 이하'라는 말 속에 40년간 매달 쓰면 어떤 일이 벌어질지에 대한 연구는 없었다는 점입니다. 이 부분은 사실 아직 아무도 알 수 없습니다. 정보가 없었기에 많은 여성이 일회용 생리대를 쓴 뒤에 생리통이 심해지거나 가려움, 뾰루지, 통증 같은 여러 가지 부작용을 호소해 왔습니다.

2017년 초, 인터넷 커뮤니티에 생리대에 관한 이야기가 돌자 조사가 시작되었어요. 조사에서 정부는 일회용 생리대에서 검출된 화학 물질이 기준치 이하로 적어 안전하다고 발표했지요. 그러나 약 5년 뒤인 2022년에는 정반대의 결과를 내놨습니다. 식약처가 환경부와 함께 발표한 보고서에서는 전혀 다른 내용이 적혀 있었어요. 일회용 생리대에 포함된 휘발성 유기 화합물이 생리를 하는 동안 외음부 가려움증, 통증, 뾰루지, 짓무름, 생리통, 생리 혈색 변화, 두통 등 생리 관련 증상 위험을 높인다고 발표한 것입니다. 그간 식약처가 물리적 자극 때문이라며 부정해 왔던 미량의 화학 물질에 의한 영향이 처음 인정된 것입니다. 매달 사용하는 일회용 생리대로 생리통 등의 생리

관련 증상이 나빠질 수 있다니요. 매달 사용하지 않을 수도 없는 이 여성 필수품이 생리 관련 증상을 악화시킬 수 있다는 것을 알면서도 제품을 골라 쓰는 방법이 있을까요?

다행히 공론화 이후 일회용 생리대의 전 성분이 포장지에 표시되는 것으로 법이 바뀌었습니다. 위험을 완전히 없앨 수는 없지만, 성분표를 읽고 피할 것을 피하는 것이 우리가 마련할 수 있는 첫 번째 안전장치입니다. 성분표를 읽는 것은 단순히 글자를 읽는 행위가 아니라, 내 몸의 컨디션에 따라 유해 가능성이 있는 성분을 하나씩 소거해 나가는 과정이라 생각해 주세요.

성분표를 읽을 때 가장 먼저 확인해야 할 부분은 피부에 직접 닿는 '표면 성분'입니다. 성분표에 '순면' 혹은 '유기농 면'이라고 적혀 있는지, 아니면 '폴리에틸렌'이나 '폴리프로필렌' 같은 합성 섬유가 들어간 것은 아닌지 확인해 보세요. 피부가 예민해 가려움이나 발진을 자주 겪는다면 합성 소재보다는 천연 면 소재를 선택하는 것이 자극을 줄이는 가장 확실한 방법입니다.

다음으로 주목할 곳은 생리혈을 빨아들이는 흡수체입니다. 만약 생리통이 심하거나 통기성을 중요하게 생각한다면 조금 두껍더라도 '면상 펄프(천연 펄프)' 흡수체를 사용한 제품을 고르는 것이 대안이 될 수 있지요.

마지막으로 표백 방식과 향료 유무를 체크하세요. 성분표나 포장지에 '무염소표백TCF' 마크가 있다면 다이옥신 같은 유해 물질 걱정을 덜 수 있습니다. 또한 '향료'는 냄새를 가려주지만, 오히려 알레르기를 유발하거나 호르몬 체계를 교란할 수 있는 성분이 포함될 수 있으므로 '무향' 제품을 선택하는 것이 내 몸을 지키는 더 안전한 습관입니다.

"숲속에 있을 때처럼 음이온이 나와 건강에 좋습니다."

2010년대 국내 한 침대 회사가 내세운 광고 문구입니다. 침대는 하루의 3분의 1 이상을 보내는 공간이죠. 음이온을 받아 더 건강해질 것이란 생각에 아이 방에 새 침대를 들였습니다. 아이는 지난 7년 동안 하얗게 빛나는 커버, 푹신한 매트리스에서 잠들었어요.

어느 날 호기심에 휴대용 라돈 측정기로 침대의 방사선 수치를 재 봤습니다. 침대 위에 올려놓자 삑 하는 경고음과 함께 측정기 속 디지털 숫자가 급격히 뛰어올랐습니다. 기준치의 10배가 넘는 수치를 보자 심장이 두근거렸어요. 설마 측정기가 고장이 났나 싶어 떨리는 손끝을 진정시키며 계속 반복해서 측정 버튼을 눌렀지만 결과는 변하지 않았습니다.

전문 측정 업체가 정밀하게 검사를 해도 결과는 같았습니다. 발코니와 안방에서는 기준치 200베크렐 이하의 라돈이 검출됐는데 유독 침대에서만 2000베크렐Becquerel, Bq이 넘는 라돈이 나왔습니다. '베크렐'은 방사선의 세기를 나타내는 국제 단위죠. 이 결과를 마주하자 침대 속에 라돈을 방출하는 특정 물질이 들어 있다는 생각 말고 다른 생각은 할 수 없었습니다. 의심이 현실이 된 순간 가슴이 철렁 내려앉았어요.. 7년간 매일 아이를 포근하게 감싸 주던 침대는 순식간에 숨 막히는 공포의 장소로 변했습니다.

소식은 곧바로 전국에 퍼졌습니다. 기준치의 10배가 넘는 '1급 발암 물질' 라돈이 침대에서 나온다는 사실이 알려지자 침대를 베란다로 옮겨놓거나, 집 앞에 내다 놓는 사람들이 속속 등장했어요. 아파트 단지마다 회수용 트럭이 줄지어 들어오고, 장갑을 낀 작업자들이 매트리스를 하나씩 비닐로 싸서 싣고 갔습니다. 거실 한쪽에 비닐로 포장된 커다란 침대를 두고 회수되기만을 기다리는 집도 많았어요. 결론적으로 10만 개 이상의 라돈 침대가 리콜 됐습니다. 평범한 침대가 '방사성 폐기물'이 된 장면은 많은 사람에게 충격을 주었어요.

⸺⸺⸺ 숙면하려다 영면할 뻔 ⸺⸺⸺

침대에서는 왜 라돈이 나왔을까요? 침대 매트리스 속커버 안에 들어 있는 '모나자이트'라는 광물 가루가 원인이었습니다. 침대 회사는 모나자이트가 음이온을 방출한다는 이유로 넣었지만 이 광물에서 방사성 물질인 라돈이 나온다는 사실을 그 누구도 소비자에게 알리지 않았죠. 모나자이트 광물에는 우라늄과 토륨이 포함돼 있어 방사성 기체인 라돈을 방출합니다. 라돈은 색과 냄새가 없어 사람들은 라돈이 주변에 있긴 한 건지 알 수 없어요. 게다가 라돈은 기체라서 환기가 잘 이루어지지 않는 실내라면 농도가 높아집니다. 오랜 기간 들이마시면 폐암에 걸릴 위험도 커지고요. 세계보건기구WHO는 흡연 다음으로 큰 폐암 원인으로 라돈을 꼽습니다.

라돈은 강한 방사선을 내뿜는 비활성 기체 원소입니다. 기체이기에 자연에서 아예 없앨 수도 없지요. 일상에서 라돈의 양을 측정하면 시간과 장소를 가리지 않고 아주 적은 양이 검출됩니다. 문제는 라돈의 양이 일정 수준을 넘으면 안전하지 않다는 것입니다. 정부는 실내의 라돈 농도가 148베크렐 이하라면 안전하다고 규정했어요. 이 농도를 넘게 되면 몸에 좋지 않다는 것이지요.

➡ 방사선에 장기간 노출되면 체내 세포와 DNA가 손상되어 암 발생 위험이 현저히 높아진다. 면역 체계가 약화되어 백혈구 감소 등 혈액 질환이 발생할 수 있다. 적은 양의 방사선도 장기간 노출시 백혈구 감소, 혈소판 감소 등의 건강 문제를 일으킬 수 있다

피해가 남긴 각인

라돈 침대 사건은 어떤 변화를 일으켰을까요? 정부는 안전 기준치를 연간 피폭선량 1밀리시버트로 설정했는데, 어떤 제품에서는 최대 9배 이상의 피폭선량이 검출되었다고 발표했어요. 이는 흉부 엑스레이를 1년에 약 100번 정도 촬영하는 것과 맞먹는 방사선량에 노출된 셈이었습니다. 아주 적은 양의 방사선에 노출되는 것은 큰 문제가 되지 않지만, 장기간에 노출되면 세포 DNA가 손상되고, 폐암 등 여러 질병을 겪게 될 수도 있어요.

이 사건을 계기로 생활 제품에 방사성 원료 물질을 사용할 수 없게 되었습니다. 제품 안전 관리 대상에 '방사선 안전성' 항목이 추가됐고, 라돈 측정에 대한 소비자 관심도 높아졌어요. 무엇보다 '건강에 좋다'라는 마케팅 문구가 과학적 검증 없이 소비자를 안심시키는 도구로 쓰일 수 있다는 사실이 사회에 각인됐습니다. 안전은 누군가 대신 차려주는 밥상이 아니라, 우리가 끊임없이 요구하고 감시할 때 비로소 완성됩니다. 제품의 편리함 뒤에 숨겨진 안전성을 꼼꼼히 따져보는 습관, 그것이 제2의 라돈 사태를 막고 우리 사회를 더 건강하게 만드는 시작이 될 거예요.

화장품에
석면이 들어가나요

어느 날 우연히 본 뉴스에서 "석면 들어간 베이비파우더, 유해 물질로 밝혀져"라는 자막을 보았습니다. 기저귀를 차서 늘 습한 아이의 사타구니에 발라 주던 흰색 가루, 아이 침대 바로 옆에 늘 놓아두던 파우더 가루에 석면이 들어 있다니 기가 찼어요. 베이비파우더는 유아나 어린이에게 땀띠 혹은 습진이 일어나지 않도록 엉덩이나 겨드랑이에 바르는 고운 흰색 가루입니다. 특히 어린 아이일수록 베이비파우더를 자주 사용하지요.

퍼프에 가루를 묻혀 피부에 가볍게 탁탁 두드리면 미세한 흰색 가루가 피어올랐습니다. 달콤한 향이 은은하게 방 안을 채우던 순간이 주마등처럼 스쳤지요. 아이 피부에 가루를 발라 주며 아이와 눈 맞춤을 하던 그 순간 나와 아이 모두 석면을 들이마시고 있던 셈이었습니다. 태어난 지 일 년도 되지 않은 우리 아기의 폐에도 석면이 섞인 베이비파우더 가루가 들어갔을 거란 생각을 하니 아찔했어요.

2009년에 뉴스 보도로 베이비파우더에 석면이 들어 있다는 사실이 대중에게 알려졌습니다. 식약청은 시중 14개 회사의 제품 30개를 조사했고 그중 12개 품목에서 석면이 발견되었다고 발표했어요. 베이비파우더가 석면이 섞인 발암 파우더라는 사실이 밝혀지자 소비자들은 패닉에 빠졌습니다.

--------- 석면이라는 발암 물질 ---------

석면의 어원은 불에 타지 않는다는 뜻의 그리스어 'Asbestos'입니다. 오래전부터 석면은 전기가 통하지 않는 성질의 재료인 '절연재', 불에 타지 않는 성질의 재료 '불연재'로 널리 사용되었죠. 그런데 1900년 초반에 석면이 몸에 좋지 않다는 연구가 나오면서 석면의 유해성이 밝혀졌습니다. 국제암연구소는 석면을 발암 물질로 규정했지요.

석면은 폐암 또는 악성중피종, 석면폐증을 유발합니다. 석면에 오래 노출되는 직업일수록 일반인보다 폐암에 걸릴 확률이 약 7배나 높다고 해요. 석면은 작은 데다 날카롭기 때문에 숨을 쉬다가 폐로 들어가면 내보낼 수가 없습니다. 날카로운 단면이 폐를 자극해서 계

→ 교실에서 쉽게 볼 수 있는 석면 천장 텍스는 충격에 매우 약하다. 부서지는 순간 가루가 날려 발암 물질에 그대로 노출되기 때문이다.

속 염증이 생기면 질병으로 이어지죠. 그래서 많은 선진국이 석면을 못 쓰도록 법으로 제정했습니다. 한국도 2009년 1월 1일부로 석면 을 제조 등에도 이용할 수 없도록 했어요.

피부 장벽을 파고드는 탈크

나라에서 못 쓰게 막은 석면이 어떻게 베이비파우더에 섞이게 된 것일까요? 원인은 바로 베이비파우더의 원료인 '탈크Talc'라는 활석입니다. 탈크 가루는 무언가가 서로 들러붙지 않게 하는 용도로 사용됩니다. 약이나 껌 포장지 등에 사용되지만, 땀이 차서 축축한 피부가 서로 들러붙지 않게 하고 피부가 뽀송해지도록 돕는 베이비파우더에도 사용돼요.

탈크 가루가 화장품 원료로 사용되면 장점은 있지만 자연스럽게 제품이 석면과 섞일 수 있다는 위험이 있습니다. 위험을 없애려면 탈크에서 석면을 일일이 제거하는 여과 과정을 거쳐야 하지요. 하지만 비용을 줄이고 시간을 아끼기 위해 화장품 브랜드들은 이 과정을 생략했어요. 정제되지 않은 가루는 밀봉된 컨테이너에 담겨 바다를 건너왔고, 부드럽고 안전한 베이비파우더라는 이름으로 판매됐습니다.

석면을 여과하지 못한 탈크 문제는 2009년에 수면 위로 올라왔습니다. 우리나라에서는 탈크가 들어간 의료 및 화장품 약 1100개가 무더기로 드러나 전량 회수됐어요. 한번 터진 문제가 다시없을 것이라는 믿음은 오래가지 않았습니다.

미국의 소비자들은 화장품 회사 존슨앤드존슨을 상대로 제품에 포함된 석면으로 인해 난소암이나 중피종 등에 걸렸다고 호소하며 약 3만 8000건 이상의 소송을 제기했습니다. 미국 식품의약국FDA은 곧바로 존슨앤드존슨이 온라인으로 판매하는 제품을 분석해 석면을 찾아냈지요. 이후 존슨앤드존슨은 약 3만 3000개의 베이비파우더를 회수했어요. 2023년에는 탈크 성분이 든 베이비파우더를 판매하지 않기로 했습니다.

베이비파우더 같은 화장품은 석면이 들어 있지 않더라도 인체에 여러 가지 영향을 미칩니다. 대표적으로 '나노화장품' 문제가 있어요. 나노화장품이란 유효 성분을 나노미터(10억분의 1미터) 크기로 작게 만들어 기능을 강화한 화장품입니다. 화장품에 사용되는 나노 기술은 화장품의 유효 성분이 피부 깊숙이 흡수될 수 있도록 성분을 아주 작은 입자로 만드는 기술이에요. 나노화장품은 좋은 성분이 잘 흡수된다는 점 때문에 겉보기엔 좋아 보이지만, 인체로 성분이 흡수될 때 독성을 유발한다는 연구 결과가 있을 만큼 단점도 있습니다.

나노화장품 중 인체에 해가 되었던 대표적인 사례가 '티타늄디옥사이드_{Titanium Dioxide}'를 함유한 선크림입니다. 티타늄디옥사이드는 땅에서 채굴한 뒤 추가 공정을 거쳐 정제되는 자연 발생 광물입니다. 나노 크기만큼 작아진 티타늄디옥사이드는 자외선 차단, 착색, 불투명화 등의 효과를 가지고 있지요. 주로 화장품이나 페인트 혹은 식품 등 다양한 제품에 사용됩니다.

티타늄디옥사이드 나노 입자가 피부에 닿으면 표면에 머무르지 않고 단숨에 피부 장벽을 통과해 몸속으로 들어갑니다. 이 입자는 반대 전하를 띤 두 물체 사이에 오로지 전하로 인해 작용하는 인력

탈크

탈크는 표면이 가장 무른 암석으로 주성분은 마그네슘인 활석이다. 여러 겹의 판이 겹겹이 쌓인 층상 구조로, 표면적이 매우 넓다. 물을 밀어내고 기름을 끌어당기는 소수성 물질이어서 피지나 유분이 탈크 입자에 쉽게 달라붙는다. 또한 입자 사이에 수분을 가두는 성질이 있다. 넓은 표면적 덕분에 스펀지처럼 피부의 유분과 수분을 단시간에 흡수해서 화장품에 많이 사용되었다. 2009년의 사건 이후로 현재는 활석을 대체해 민감 피부용으로 녹말을 사용한 제품이 나오고 있다. 탈크를 사용한 제품은 여전히 나오고 있지만, 제품 검사가 강화되어 석면이 포함되지 않는다고 한다.

인 '정전기적 인력'에 의해 혈액뇌장벽이나 태반까지 스며들 수 있어요. 티타늄디옥사이드로 동물 실험을 진행한 결과, 뇌세포 손상은 물론이고 생식 기능에도 나쁜 영향을 준다는 것이 밝혀졌습니다.

아직 사람을 대상으로 연구가 진행되진 않았지만 프랑스에서는 안전성을 보장할 충분한 증거가 없다고 밝히며 2020년부터 음식 첨가제로 티타늄디옥사이드를 더는 쓰지 않겠다고 2019년에 밝혔습니다. 유럽연합EU도 식품 첨가물에 티타늄디옥사이드를 쓸 수 없는 규정을 발표해 2022년이 되어서야 이 광물을 퇴출시켰습니다.

--------- **함께 만들어 나가는 안전** ---------

앞에서 언급된 사례들에서 살펴봤듯, 안전과 위험은 흑백처럼 구분되지 않습니다. 현실 속 안전은 오히려 0과 100 사이의 스펙트럼에 가깝지요. 독성 물질이라도 접하는 경로나 기간 혹은 양에 따라 위험도가 크게 달라집니다. 반대로 일상에서 자주 접하는 성분도 예상치 못한 방식으로 노출되면 치명적일 수 있어요.

과학자들은 위험을 평가할 때 '독성Toxicity'뿐 아니라 '노출량Exposure'을 함께 봅니다. 독성이 아무리 강해도 우리 몸에 닿지 않으면 피해를 주지 못하고, 독성이 약하더라도 오랜 시간 높은 농도로 노출되면 문제가 될 수 있어요. 결국 안전이란 물질의 성질과 사용

환경, 관리 체계 전부를 고려해야 갖출 수 있는 상태입니다.

맨 처음에 언급된 가습기 살균제 참사는 '위험할 수 있는 물질'이 아니라 '위험하게 사용된 물질'이 문제였습니다. 독성 연구가 되지 않은 화학 물질을 폐 속 깊이 들이마시도록 '안전하다'라고 광고한 사회 구조가 만든 참사입니다. 그래서 우리는 이제 제품이 시중에 나와 있다고 해서 그 제품이 안전하다는 등식이 성립하지 않는다는 사실을 알고 있고, 더 경각심을 가져야 합니다. 안전성은 정부나 기업이 보장해 주는 것이 아니라 과학적 검증과 투명한 정보 공개 그리고 소비자의 선택이 함께 만들어 가는 것이기 때문입니다.

우리가 사는 삶에서 안전을 100퍼센트 보장할 수는 없습니다. 하지만 위험을 줄이는 방법은 분명히 있어요. 성분표를 꼼꼼히 확인하고, 불필요한 화학 제품 사용을 줄이며, 제도와 규제가 강화되도록 목소리를 내는 것입니다. 그럴 때 비로소 '안전'은 단순한 기대가 아니라, 우리가 함께 만들어 가는 현실이 될 거예요.

6장

오늘의 독성 물질을
내일의 약으로

독성 물질은
왜 만든 것일까

일상에서 우리가 사용하는 물건이 환경은 물론 우리 몸에 독이 되는 사례를 살펴봤습니다. 이쯤 되니 환경이나 몸에 안 좋은 화학 물질을 왜 만들었을지 궁금해집니다.

발명가들과 과학자들이 일부러 해로운 물건을 발명하진 않았을 것입니다. 오히려, 발명의 출발선에는 '선의'가 있었죠. 더욱 편리한 세상을 만들려는 인간의 호기심과 열망 말입니다. 문제는 과학이 늘 예측 가능한 결과만을 내놓지는 않는다는 점입니다.

2장에서 살펴본 플라스틱이 대표적인 사례입니다. 20세기 중반, 전 세계는 석유를 원료로 하는 새로운 물질 플라스틱에 환호했지요. 유리보다 가볍고, 금속보다 부식에 강하며, 나무보다 저렴한 이 물질은 기적의 재료라 불렸어요. 플라스틱은 전화기와 텔레비전의 외장이 되었으며, 장난감, 칫솔, 가방, 병뚜껑으로 모습을 변화했습니다. 플라스틱은 당시 사람들의 생활 방식은 물론 인식까지 바꿨죠. 은수저 대신 저렴한 플라스틱 수저를 쓴다거나, 깨지기 쉬운 유리병 대신 튼튼한 플라스틱 병을 쓰는 등 플라스틱은 장점만 가득한 것처럼 보였습니다. 하지만 누구도 플라스틱이 수백 년이 지나도 땅속이나 바다에서 썩지 않고 남아 있을 것이라고는 상상하지 못했습니다.

편리함과 맞바꾼 환경

1990년대 후반 화장품 회사들은 피부에 있는 각질 제거 능력이 탁월한 '마이크로비즈'를 화장품에 넣기 시작했습니다. 마이크로비즈는 눈에 보이지 않을 정도로 작은 플라스틱 입자예요. 피부 표면의 각질을 탁월하게 제거하면서도 자극이 적었습니다. 마이크로비즈가 들어간 화장품을 쓰면 피부가 실크처럼 부드러워졌지요. 마이크로비즈는 곧 치약과 샴푸, 세안제에도 사용되며 인기가 높아졌습니다.

그러나 마이크로비즈 알갱이가 아주 작은 탓에 하수처리 시설의 필터에 걸러지지 않아 바다로 흘러들어 가고 있다는 것이 밝혀졌어요. 바다에 사는 해양 생물들은 마이크로비즈를 플랑크톤인 줄 알

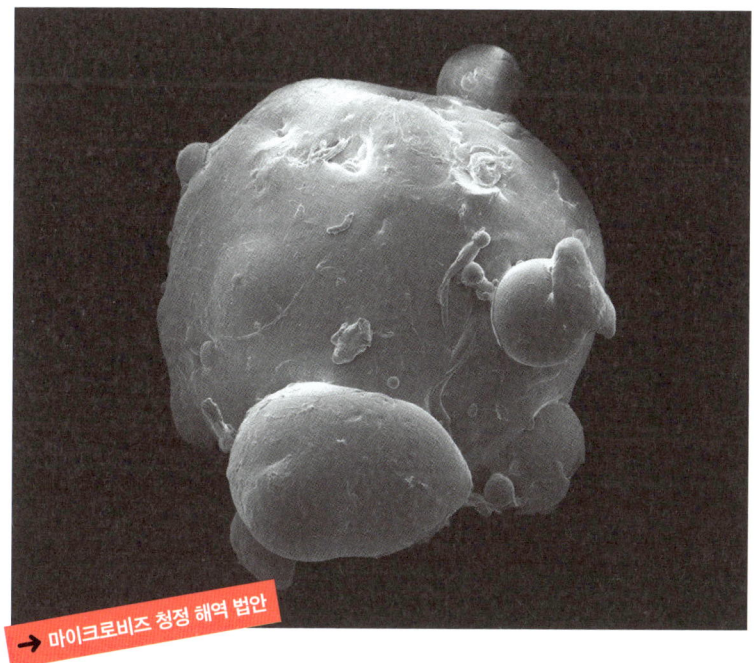

환경 단체와 과학자들은 2012년에 오대호를 조사하던 중 엄청난 양의 마이크로비즈를 발견했다. 조사 결과 화장품과 치약에서 나온 것으로 밝혀졌다. 이러한 데이터를 근거로 2015년 미국 오바마 정부는 마이크로비즈 청정 해역 법안을 마련하게 되었다. 이는 다른 국가들의 마이크로비즈 금지 입법의 토대가 되었다. 사진은 확대한 마이크로비즈 알갱이.

고 먹게 되었지요. 플라스틱을 배불리 먹은 해양 생물은 결국 인간의 식탁에 올라가게 됩니다. 인간이 피부에 바르던 마이크로비즈가 먹이 사슬을 타고 결국 다시 인간의 몸속에 쌓이게 된 것이지요. 이렇게 마이크로비즈는 혁신적인 스킨 케어 발명품에서 해양 생태계의 '악당'으로 변했습니다.

바다가 미세 플라스틱으로 오염되었다는 사실은 해양 생물학자인 앞서 언급한 톰슨 교수 등의 연구자들의 노력으로 세상에 알려졌어요. 화장품과 각종 세안 용품에 사용되던 마이크로비즈가 바다를 오염시키는 주범으로 지목되면서 그린피스 등 환경 운동 단체도 마이크로비즈를 쓰지 말자고 앞장서서 목소리를 냈죠. 결국 세계 여러 나라에서 마이크로비즈를 쓸 수 없도록 법으로 정했습니다. 전 세계적으로 유명한 화장품 회사들도 쓰지 않겠다고 결정했고, 우리나라도 2019년부터 마이크로비즈를 쓸 수 없게 됐어요.

--------- 새하얘진 피부와 산호초 ---------

우리의 피부를 지켜 주는 선크림 등 자외선 차단제도 한때는 과학의 선물이었습니다. 자외선 차단제를 바르면 땡볕에서 오래 놀아도 피부가 타지 않고 피부암에 걸릴 위험도 줄일 수 있죠. 자외선 차단제는 단숨에 야외 활동의 필수품이 되었습니다. 하지만 과학자들은 자외선 차단체 성분 중 일부가 바다 생태계에 치명적인 영향을 준다는 사실을 밝혀냈습니다.

자외선 차단제에는 자외선을 흡수한 뒤 화학 반응을 거쳐 열의 형태로 방출해 자외선으로부터 피부를 보호하는 물질인 '옥시벤존Oxybenzone', 자외선이 피부에 닿기 전에 자외선을 흡수하는 액체인 '옥티녹세이트Octinoxate'가 들어 있어요. 그런데 2016년에 연구자들은 이

→ 백화 현상

화려한 산호는 스트레스를 받으면 하얗게 변하며 굶어 죽는다. 백화 현상의 주요 원인은 수온 상승이지만, 바닷물에 녹아든 옥시벤존과 옥시노세이트가 산호의 DNA를 손상시키고, 산호와 공생하며 영양분을 공급하는 공생 조류를 몸 밖으로 내쫓게 만들어 산호의 백화 현상을 빠르게 촉진한다.

바다로 흘러든 두 물질이 산호를 죽인다는 것을 밝혀 냈습니다. 옥시벤존과 옥티녹세이트가 산호를 하얗게 만드는 '백화 현상'의 주범이었던 것이죠. 산호 속에 스며든 옥시벤존은 산호 속 당분과 결합해 독소가 되었고, 옥티녹세이트는 산호에 살던 바이러스의 양을 늘려 산호의 성장과 번식을 방해했습니다. 백화 현상이 일어난 산호는 마치 하얀 뼈처럼 변했지요.

미국 국립공원관리청 NPS은 미국 해안으로 해마다 선크림 6000톤이 흘러들어 가 산호의 생명을 위협한다고 발표했습니다. 산호는 해양 생물에게 안전한 보금자리입니다. 산호 덕분에 다양한 해양 생물이 살 수 있지요. 산호는 식물처럼 광합성으로 영양분을 얻기에 산소를 생산하고 기후 위기를 막는다고 해서 '바다의 허파'라는 별명이 있습니다. 4000종 이상의 어류를 포함한 다양한 해양 생물에게 먹이, 쉴 곳, 산란처를 제공해 바다의 생물 다양성도 유지하는 역할도 하지요.

알록달록한 바다의 꽃 같던 산호가 죽어 마치 '뼈의 무덤'처럼 새하얗게 변하면 물고기, 조개 등 해양 생태계 전체가 위기에 빠질 수 있습니다. 해양 생태계가 무너지면 결국 사람이 피해를 오롯이 감당해야 해요. 그래서 하와이에서는 가장 먼저 2021년부터 옥시벤존과 옥티녹세이트가 들어간 자외선 차단제를 팔거나 유통할 수 없게 법으로 제정했습니다. 이후 기업들은 바다에 흘러들어도 안전한 성분을 넣은 미네랄 자외선 차단제를 개발하기 시작했습니다.

------- **실수를 바로잡고 완벽에 가까워지는** -------

이처럼 과학은 늘 모두에게 이로운 것들만 개발하진 않습니다. 완벽하지도 않지요. 다만, 끊임없는 연구를 이어가며 실수를 인정하고, 이를 바로잡는 힘이 있습니다. 누군가 물질이 위험하다고 말하면 과학자들은 실험을 해 보고 위험하다는 증거를 모아요. 다른 연구자들도 뒤이어 같은 실험을 한 뒤에 같은 결과를 얻으면 그제야 과학계는 위험하다는 의견이 옳다는 것을 받아들입니다. 실험하고 재현

해서 동료 검토 후 합의에 이르는 과정이지요. 쉽게 말해 과학에서는 여러 과학자가 같은 증거를 확인하고 동의할 때 비로소 사실로 인정된다는 것입니다. 재현이란 다른 사람이 같은 실험을 해도 같은 결과가 나오는지 확인하는 것입니다. 동료 검토는 '피어 리뷰'라고도 불리는데, 다른 과학자들이 연구를 확인해 잘못된 점이 없는지 보는 과정이지요. 이러한 과정이 있기에 과학은 언제나 답을 찾아가는 여정이라고도 말할 수 있겠습니다.

또한 과학자들은 어떤 물질이 몸에 오래 쌓이면 무슨 일이 벌어지는지, 특정 화학 물질을 오랫동안 쓰면 어떤 피해가 발생하는지, 어떤 물질로 인해 자연에서 동식물에게 일어나는 변화는 무엇인지 등을 오래 관찰하고 기록합니다. 이렇게 모인 방대한 데이터를 기반으로 안전 기준이나 규제를 세워요.

예를 들어 정부가 정한 연간 방사선 피폭선량 안전 기준치인 1밀리시버트라는 기준도 수많은 실험과 관찰 덕분에 만들어졌습니다. 우리가 일상에서 접하는 여러 기준도 모두 실험과 관찰을 거쳐 나온 것이죠. 수돗물 속 세균 허용치, 식품 속 첨가물 사용량, 미세먼지 기준도 마찬가집니다.

결국 과학자들이 마련한 기준 덕분에 사람들은 어떤 제품을 고를 때 안전하다거나 조심해야 한다는 판단을 할 수 있게 되었어요. 그 판단은 더 나은 선택으로 이어지죠. 그런데 안전 기준이 있으니 마냥 안심해도 될까요? 기준치 내의 수치라면 안전하다고 볼 수는 있

→ 화학 물질이 식품에 쓰이면서 사람이 평생 먹어도 안전한 양을 계산할 필요가 생겼다. 모든 음식에는 색소나 보존료 등 식품 첨가물이나 농약 잔류물이 존재하기 때문이다. 양을 계산하는 기준은 독성학에서 독성이 관찰되지 않는 최대 용량인 무해용량 개념을 바탕으로 계산한다. 과학자들은 동물을 대상으로 실험해서 안전한 양을 찾은 뒤, 인간과 동물의 차이 및 개인차를 고려해 그 양을 100분의 1로 줄여서 안전 기준인 일일 섭취 허용량을 설정한다. 현재 전 세계 모든 가공 식품의 안전 기준은 국제연합식량농업기구에서 설정한 기준을 따르며 한국에서는 식품의약품안전처에서 제정한 〈식품첨가물의 기준 및 구격〉도 함께 따른다.

지만 절대적이진 않습니다. 안전 기준은 연구로 모은 증거를 바탕으로 세운 기준이니까요. 어느 정도까지는 괜찮다고 정한 것이기에 영원한 것도 아닙니다. 과학자들은 새로운 근거를 발견하면 기존의 기준을 다시 검토해요. 정부 기관과 전문가들을 모아 함께 회의하고 합의에 이르면 기준을 고치게 됩니다. 그래서 안전 기준은 '최종 답안'이 아니라 더 나은 선택을 하기 위한 '최선의 답안'에 가깝습니다. 그러니 여러분들은 안전 기준을 지킨 제품을 사용하되, 늘 사용하는 제품이 문제가 되지 않는지 고민해 봐야 해요. 그런 고민이 모일수록 더욱 안전한 세상이 만들어질 거예요.

독성학은 무엇일까

우리 주변에는 다양한 화학 물질이 있다고 앞서 언급했습니다. 그런데 화학 물질 중 독성을 가지고 있어 다룰 때 더 위험한 물질이 있어요. 이러한 물질을 연구하는 학문을 '독성학Toxicology'이라고 합니다.

독성학은 독성 물질이 생명체에 어떤 해로운 영향을 미치는지 연구하고, 어떤 메커니즘으로 작용하는지 과학적으로 규명하는 학문입니다. 이외에도 물질이 독성을 내뿜는 원리나 독성이 발생하는 과정, 독성 물질에 노출되면 어떤 증상이 나타나는지, 독성 물질로 인한 피해를 어떻게 진단하고 치료하고 예방하며 위험성을 평가하는지까지 연구하지요. 독성학은 끊임없이 변화하는 화학적 환경을 탐색하는 데 도움을 주는 중요한 학문입니다.

인류 역사상 가장 완벽하게 보존된 의학 및 독성학 기록은 이집트에서 발견된 에버스 파피루스다. 이집트 의학 파피루스로 842가지 이상의 약물과 독물에 관한 정보가 담겨 있다. 대마나 아편 같은 식물성 독소뿐만 아니라, 납이나 구리 같은 금속의 독성도 기록되어 있다. 단순히 독을 나열한 것이 아닌 처방전도 함께 기록했다는 점에서 최초의 독성 연구로 언급된다. 사진은 천식 치료법에 관한 기록이다.

독성학은 뱀이나 독버섯의 독처럼 독성이 있는 물질만 연구하진 않습니다. 모든 물질을 연구하지요. 다만 용량과 인체가 받아들이는 영향의 관계를 중요하게 생각합니다. 얼마만큼의 양에 노출되었을 때 어떤 현상이 벌어지는지를 관찰하는 거예요. 가령 물은 독성이 없지만 많이 마시면 혈액 속 나트륨 농도가 낮아져 위험합니다. 반대로 보툴리늄 독소는 정말 위험한 독이지만, 아주 적은 양만 사용하면 약으로 쓸 수 있지요. 그래서 독은 좋거나 나쁘다고 딱 잘라 구분하기 어렵습니다. 독은 정말 양의 문제예요.

-------- **모두에게 필요한 독성학** --------

독성학은 '용량', '노출 경로', '시간'을 중요하게 여깁니다. 얼마나 많은 양이 인체에 들어갔는지, 어떤 방식으로 인체에 들어갔는지, 얼마나 오래 물질에 노출되었는지 등을 질문으로 던지죠. 신체가 독성 물질과 접촉하는 것은 노출이라 부릅니다. 노출된 독성 물질이 해를 가하는 경우 '중독'이라 불러요.

가습기 살균제 사건의 경우 손에 닿아도 안전했던 물질을 코로 들이마셨을 때 독성이 있었습니다. 벤젠은 한두 번 짧게 노출되는 것은 안전하지만 장기간 노출되면 독성이 쌓여 백혈병이나 암에 걸릴 수 있어요. 독성학자들은 실험실에서 수만 번 이상의 반복 실험

→ 설파닐아마이드 사건

독성학은 비극적인 사건들로 인해 현대 의학의 필수 학문으로 자리 잡았다. 설파닐아마이드 사건은 1937년 미국에서 항생제 설파닐아마이드에 독성 용매인 디에틸렌글리콜을 섞어 판매한 사건이다. 100명 이상의 사망자가 발생한 이 사건을 계기로 FDA의 권한이 강화되었으며 모든 신약은 출시 전 반드시 동물 실험과 독성 시험을 거쳐 안전성을 입증해야 한다는 법적 근거가 마련되었다.

끝에 물질의 위험성에 관한 기준을 세웁니다. 가습기 살균제의 위험성을 밝혀낸 것도 이러한 과정이 있었던 것이죠.

독성학은 '환경독성학', '나노독성학', '유전독성학' 등이 있으며 점점 더 세밀하게 학문이 나누어지고 있습니다. 화학 물질이 다양해지는 만큼 화학 물질을 없애는 것이 아니라 안전하게 공존할 수 있는 안전 기준이 필요하기 때문이죠.

환경독성학은 화학, 물리, 생물학적 요인이 인간을 포함한 생태계에 미치는 유해한 영향을 연구하는 학문입니다. 오염 물질의 출처나 발생하는 방식 등을 분석해 안전한 환경 정책을 수립하는 데 사용되지요. 특히 세포 기반 독성 프로파일링 및 생태독성학을 통해 화학 물질의 위해성을 평가합니다. 환경독성학은 일상에서 노출되는 화학 물질의 위험성을 이해하고, 지속 가능하고 안전한 환경을 유지하는 데 꼭 필요한 학문이에요.

나노독성학은 나노 물질의 독성을 연구하는 학문입니다. 나노 물질은 매우 작아서 다른 커다란 물질에 비해 독특한 특성이 있지요. 나노독성학은 나노 물질이 환경이나 사람에 어떤 영향을 주고 위협을 끼치는지를 평가하는 학문입니다.

유전독성학은 화학 물질, 의약품, 환경 요인 등이 생물체의 DNA나 염색체를 망가뜨려 돌연변이, 암, 유전적 결함 등을 유발하는지 평가하는 학문입니다. 암 또는 생물의 DNA 구조를 변화시켜 돌연변이를 일으킬 가능성을 추적해 안전성을 확보하려는 목적으로 만들어진 학문이죠. 신약을 개발하거나 화학 물질을 어느 제품에 사용하려 할 때 허가를 받기 위해서는 필수적으로 유전독성학 분야의 실험이 필요합니다.

독성학은 '해로운 것'을 연구하는 학문이 아니라, 인간이 자신을 지키는 방법을 연구하는 지혜의 과학입니다. 우리가 매일 만지는 물건, 바르는 화장품, 마시는 물속에도 이러한 지혜가 스며 있습니다. 이제 우리가 일상 속 독성 물질을 들여다볼 차례입니다.

--------- 신뢰하되 멈추지 않는 질문으로 ---------

우리에게 필요한 태도는 무엇일까요. 바로 과학을 신뢰하되 질문을 멈추지 않는 것입니다. 생리대와 화장품을 고를 때 성분을 한번 살펴보는 것, 전자레인지를 사용할 때 전자레인지용 용기인지 확인하는 것 모두 같은 맥락이죠. 안전 기준은 선택에 도움을 주는 '도움말'입니다. 기준을 알고 있으면 더 똑똑하게 고를 수 있죠.

또한 우리 스스로 질문을 던져 봐야 합니다. 안전 기준에 충족하는 제품이 있다면 왜 이 제품은 안전한지, 더 안전한 선택은 무엇인지 꼼꼼하게 살펴야 해요. 이러한 질문이 하나둘 쌓이다 보면 내 건강과 환경을 지킬 수 있을 것입니다. 어제의 안전 기준이 오늘의 위험이 되기도 하고, 오늘의 독성 물질이 내일의 약이 되기도 하니까요. 과학은 멈춰있는 정답이 아니라 끊임없이 의심하고 증명하며 나아가는 과정이기 때문입니다. 그러니 '왜?'라는 질문을 두려워하지 마세요. 그 질문이야말로 보이지 않는 독으로부터 여러분과 이 세상을 지켜낼 가장 강력하고 지혜로운 방패가 될 것입니다.

꼬리에 꼬리를 무는 독성 물질 이야기

초판 1쇄 발행 2026년 3월 30일

지은이 | 목정민
펴낸이 | 김연우
펴낸곳 | (주)태학사
등록 | 제406-2020-000008호
주소 | 경기도 파주시 광인사길 217
전화 | 031-955-7580
전송 | 031-955-0910
전자우편 | thspub@daum.net
홈페이지 | www.thaehaksa.com

편집 | 조윤형 여미숙 김태훈
마케팅 | 김민선

ⓒ 목정민 2026. Printed in Korea.

값 17,500원
ISBN 979-11-6810-430-3 43430

"주니어태학"은 (주)태학사의 청소년 전문 브랜드입니다.

책임편집 김태훈
디자인 이유나